ORIGINAL POINT PSYCHOLOGY 沂心理

Finish What
You Start

The Art of Following Through,
Taking Action, Executing, &
Self-Discipline

有
始，

有
终。

坚持到底、采取行动、执行
和自律的艺术

[美] 彼得·霍林斯（Peter Hollins）———— 著

彭剑 ———— 译

华龄出版社
HUALING PRESS

北京市版权局著作权合同登记号 图字：01-2023-3068 号

图书在版编目（CIP）数据

有始有终：坚持到底、采取行动、执行和自律的艺术／（美）彼得·霍林斯著；彭剑译. -- 北京：华龄出版社，2023.6

ISBN 978-7-5169-2560-7

Ⅰ．①有… Ⅱ．①彼… ②彭… Ⅲ．①成功心理–通俗读物 Ⅳ．① B848.4-49

中国国家版本馆 CIP 数据核字（2023）第 127120 号

策划编辑	颉腾文化			责任印制	李未圻
责任编辑	徐春涛				
书　名	有始有终：坚持到底、采取行动、执行和自律的艺术		作　者		［美］彼得·霍林斯（Peter Hollins）
出版发行	华龄出版社 HUALING PRESS		译　者		彭剑
社　址	北京市东城区安定门外大街甲 57 号		邮　编		100011
发　行	（010）58122255		传　真		（010）84049572
承　印	文畅阁印刷有限公司				
版　次	2023 年 9 月第 1 版		印　次		2023 年 9 月第 1 次印
规　格	787mm×1092mm		开　本		1/32
印　张	6		字　数		82 千字
书　号	ISBN 978-7-5169-2560-7				
定　价	65.00 元				

究竟什么是"有始有终"和"坚持到底"？你可能以前听过这些词，但是它们有什么样的含义呢？

我认为，这两个词意味着使你梦想成真。很多时候，我们会说自己要做点什么，甚至可能在一个幸运的周末开始做这件事。但是，当遇到困难或者感觉疲劳、无聊、忙碌的时候，我们就很容易放弃，于是，想做的事情就永远只是空中楼阁或停留在字面上，成为一种象征性的东西。

"有始有终"和"坚持到底"就是打破这个常见怪圈，帮助你掌控自己生活的利器。

我本人在坚持到底方面的体验一直不顺。有年夏天，我答应自己要亲手雕刻一艘约 12 英寸[①]

———————

① 1 英寸 =0.0254 米。

长、3英寸宽的独木舟。这艘独木舟不是太大，但对于毫无木工经验的人来说，这个挑战可不小。第一周，我只在木块上凿出了一道很大的凹痕。第二周，我双手酸痛，碰巧这时新电影《星球大战》上映了。第三周，我又忙于看《星球大战》，做独木舟这事儿就一直拖着。我的独木舟不应该是这样子的。

可是，当我每次到车库准备开车时，那艘独木舟都会让我想起自己的懒惰和无法坚持到底。这件事一直困扰着我，直到几个夏天后我决定完成它。你大概能猜到发生了什么。第一周很顺利，第二周还算好，第三周我就已经筋疲力尽了。

不久后，我很幸运地了解到了"诱惑捆绑"这种方法，这为我完成独木舟提供了动力。"诱惑捆绑"是本书稍后将要讨论的一个重要主题。简而言之，这种方法是指将无意遇到的一项强制性任务与即时奖励联系起来。当你可以"贿赂"自己努力工作时，"有始有终"瞬间就会变成对快乐的追求，而不是一次对意志力的巨大考验，即使这种奖励有时只是想象中的。

我给雕刻独木舟绑定的奖励是听我最喜欢的专辑——这些天我很少有时间听。你上一次从头到尾不间断地听你最喜欢的专辑是什么时候呢？

我一下子就走进了一个新世界。如果我能把任何不愉快的任务和我喜欢的东西搭配起来，让这些任务变得足够愉快，那我就几乎可以在所有事情上都破浪前行。正是这样一个小小的认知，使我开始认真研究与坚持到底和执行相关的科学，尽管人的大脑本能地抗拒这样做。我们怎样才能绕过最糟糕的本能，在我们想做的时候完成任务，而不会受最后期限的困扰？我们如何才能重视我们的注意力，并在极度不适的情况下做最困难的事情？

我想我已经为自己设计了一套很棒的方法，这套方法可以广泛应用于任何环境。尽管本书中的很多策略我并不是一直都在用，但其中许多策略对大多数人都适用。像往常一样，我为自己写了这本书，能够分享我的发现，感到非常高兴和自豪。我希望这些发现对你也有帮助，能使你实现你想要实现的目标。至少，我希望你在实现这些目标时能迫使自己时不时听听最喜欢的专辑，这本身就是一种胜利！

Contents 目录

| 第 1 章 |

停止思考，去执行

Finish What You Start

埃斯特曾无数次想过这个问题。在过去六年里，她一直被困于一份枯燥的文职工作，她幻想着不必去做单调的文书处理，不必向要求苛刻的老板汇报，也不必每天都把两岁的儿子留给日托中心照护。

那她要如何才能既可以养家糊口，又可以实现这些幻想呢？埃斯特的答案是：她可以自己在家做烘焙。

最初这只是个幻想，一个她想让自己度过难熬的工作时间的幻想。但某一天，埃斯特有了不同的感觉。出于某种原因，她最终决定要去实现她的这个幻想。毕竟，烘焙是她真正的爱好。多年来，她也一直在为朋友们制作各种糕点，朋友们都说她应该考虑把烘焙变成一项事业，这个主意还不错，对吧！

于是，埃斯特开始探索她的烘焙事业。她没有立即辞职，而是请了两个星期假，开始试水。她认为，她先得做好市场调研。在迈出下一步之前，她需要先在脑子里把这事儿想清楚。她准备得越充分，计划得越详细，结果就会越好。她打算研究从食谱到财务管理的所有相关创业知识。为了解市场需求，她还计划在她的朋友圈和整个社区进行问卷调查。这一切开始在她的脑海中成形。

很遗憾，埃斯特所设想的一切都只是停在原地，一直都没有找到相应的解决办法。

一想到要学习与如何从头开始、如何经营烘焙事业有关的所有知识，埃斯特就不知所措，以至于她没有动力去采取任何行动。什么？还要考虑税收、商业文件、场地租赁这些破事儿吗？她只想做烘焙！

当假期开始时，埃斯特总是找到些并非最初规划的事情来做。她整天睡懒觉，宠爱她的儿子，忙于"家装工程"，拜访她的朋友和邻居——但没向他们咨询营销建议。她很担心，如果她告诉别人她想要创业，人们可能会认为她太高估自己的能力了，并等着看她笑话，或者更糟，希望她一蹶不振。对人们种种看法的担心在她脑海中挥之不去，使她无法应对。

就这样，两个星期很快过去了，埃斯特能做的就是"度假"。当她返回工作岗位时，经营自己烘焙事业的想法仍在她脑海中反复出现，这个想法与其说是计划，不如说是幻想。埃斯特有种感觉，她会无止无休地思考这个问题。

何谓"坚持到底"？

埃斯特出了什么问题吗？她是缺乏专注、自律、行动力还是坚持呢？

如果你说她缺乏以上所有这些，实际上你指的是"坚持到底"这个概念。

"坚持到底"与专注、自律、行动力和坚持都有关，但并不是其中任何一个的同义词；相反，它是所有这些的组合，这跟日本动漫机器人通过融合较小的单个机器人组件而成有点像。具体来说，就是"金刚战士"（Power Rangers 或 Voltron）。就像每个小机器人如何在大机器人中形成身体的不同部分一样，专注、自律、行动力和坚持这四个要素中的每一个都对应于身体的某个部分，当与其他部分协同时，就形成了完整的"坚持到底"。

大脑：专注。坚持到底需要专注。专注类似于大脑，因为它使你始终想着任务，始终盯着奖励。专注能引导你的想法，使你找出坚持到底并采取适当行动来实现目标的方法。因此，坚持到底不只是做出努力，更是指专注于某个单一目标并做出努力。有了专注，你才不会白费力气。因为坚持的是单一目标，所以所追求的就是最直接的目标实现方式。

回到埃斯特的情况，如果她专注于自己的创业梦想，那她就会通过更合理地安排她的空闲时间和活动来实现这个梦想。

脊柱：自律。自律是坚持到底的重要支撑，使你在必要时也能埋头工作（即使你不想这样做）。这是一种自我控制能力，即使你一路上可能会遇到各种诱惑之物和分心之物，这种能力也会使你专注于需要做的事情。这一要素对于坚持到底至关重要，因为它能给你赋能，使你能通过管理自己的想法、感受和行动力来实现对你有意义的目的。如果没有自律，你就不可能在事情完成之前一直努力，而这正是坚持到底的意义所在。

正如人体中的大脑与脊柱相连一样，专注也与自律密切相关。如果你专注于你需要做的事情，自律自然就会随之而来。同样，如果你很自律，你就会更容易专注于需要做的事情，并避开分心之物。脊柱使你能保持直立，而自律能使你避免陷入混乱。

如果埃斯特有足够的自律性，她就不会把所有空余时间都用来休闲。补上一点睡眠或者花时间陪伴所爱的人并没有什么错，但如果整天都这样做，而没有开展任何有成效的工作，那就会失去平衡。休闲是生活的重要组成部分，但如果休闲过度，并对合理的生产力产生了挤出效应的话，那它就会成为一种恶习。

手和脚：行动力。行动力（即坚持到底的"手"和"脚"）意味着优先考虑执行和简单行动。这就是坚持到底不仅仅取决于专注和自律的原因。

坚持到底是指意愿已经转化为行动。采取行动可使现实世界中的事物位置发生变化，并将你从 A 点带到 B 点——也就是说，使你实现目标。这是坚持到底的可见方面，即可根据你的目标对其进行实际观察、衡量和评估的方面。因此，行动力对于计划执行和目标实现都至关重要，没有行动力的话，计划就仍然是抽象的，目标就仍然只是梦想。

哪怕埃斯特只是执行了她计划中的第一部分——市场调研，那她也至少朝着实现她心中的梦想事业迈进了一步。

内心：坚持。最后，坚持到底的核心在于"坚持"。坚持是指在很长一段时间里执着地做某件事，即使在这个过程中遇到了一些诱惑之物或分心之物。坚持是一种毅力，使你即使面对障碍也能持续采取行动。仅仅开始是不够的，你需要坚持到底，直到完成任务。坚持到底就是要有足够强大的内心，就是在面对障碍、分心之物和挫折时，也仍能向目标持续推进。人生中有许多值得追求的目标，实现这些目标既需要跑短跑，也需要跑马拉松。如果你的内心不够强大，就无法跑完全程，就会发现自己在到达终点之前早已半途而废了。

埃斯特能坚持到底实现她的梦想吗？在该案例中，"坚持的问题"似乎根本无从提起，因为只有当一个人实际采取了足够的行动并在一段很长的时间内遇到了若干障碍时，才会涉及"坚持"这个问题。由于埃斯特尚未开始就放弃了，所以坚持的问题对她而言根本就不存在。

事实就是这样，专注、自律、行动力和坚持这几个部分结合在一起，就构成了一个可称为"坚持到底"的超级机器人。能够将我们的专注、自律、行动力和坚持有机结合起来，并看着自己的梦想由此变为现实，这是令人欣慰和满足的。

既然"坚持到底"这么棒，那我们为什么没有一直坚持下去呢？简单来讲，做到这一点很难。下面对此进行详细分析，同时也解释一下为什么很难。

我们为什么没有坚持到底？

当思考自己想做什么、需要做什么或者别人

需要做什么时，我们通常都说得头头是道。我们的种种想法能如脱缰野马般疯狂滋长，以至于不费吹灰之力便可在脑海里勾勒出一幅幅神奇的蓝图。超清晰的梦想实现的情景在我们脑海中浮现的速度甚至比照相时笑一笑还要快。

但是，当到了要真正采取行动并将行动坚持到底的时候，我们通常都表现得既业余又不情愿。归根结底，这往往是因为我们缺乏完成工作所需的专注、自律、行动力和坚持。

有时候，我们做事情缺乏专注或自律；而另外一些时候，我们又缺乏行动力，或者没有坚持到底。我们以为自己在必要时能全身心地投入行动中，但到了付诸实施时却发现，事情远没有想的那么简单。

当我们意识到把一个个梦想和一项项计划变成现实需要付出巨大的艰苦努力时，我们思考所有这些梦想和计划时的兴奋与热情立马就烟消云散了。实际上，我们没有坚持到底并不是因为我们的能力或智力不够，不是。

我们没有坚持到底主要有两方面原因：一是

我们采取了一整套的抑制策略，二是我们有很多的心理障碍，这两者阻碍了我们有始有终。下面我们将依次讨论其中的每个问题。

抑制策略

抑制策略是指我们制定的那些滥用时间和精力的计划，其最终结果是我们无法坚持到底。这些抑制策略妨碍了我们自己，并且这种妨碍有时还是有意识的。例如，设定糟糕的目标、拖延、沉迷于诱惑之物和分心之物以及时间管理不善都妨碍了我们最大限度地投入时间和精力来实现富有成效的目的。

设定糟糕的目标。我们阻碍自己完成既定目标的一种方式是设定糟糕的目标，比如那些过于抽象或根本不可能实现的目标。设定糟糕的目标就好比买了张错误百出的旅行地图，地图上标示的所有方位既不准确也不清楚，所以它会阻碍我们完成旅行。最终，我们因此而失去耐心，失去将旅程继续下去的意愿，从而导致我们半途而废。

当我们的目标过于抽象时，我们会发现自己并不知道要为实现目标做些什么。例如，如果我们的目标是要变得"更健康"，却并没有具体说明"更健康"的含义，我们就不太可能采取措施来实现这一目标。我们想坚持到底，却不知道要怎样做。

当我们设定的目标太高或不切实际，以至于任何普通人都无法企及时，我们会发现自己像是在仰望一把没有梯级的梯子，而且这把梯子还高得出奇。这事儿妙就妙在没人会指责我们没有足够努力地去登高，因为从一开始就没有登高用的梯级。因此，我们不用承担没有坚持到底的责任。例如，尽管存在实际的物流限制，一位工厂经理却仍希望将产量翻倍。

既然这个目标无论如何都无法实现，那他是否坚持到底便无关紧要了，所以他就既避免了必须坚持到底的麻烦，也避免了因未能坚持到底而产生的愧疚感。

拖延。本书提到的最常见的抑制策略之一就是拖延。不知怎么，我们在拖延工作方面都极具天赋。我们会把工作拖延到绝对必要的时候、拖延到最后一刻。事实上，我们在拖延工作方面的天赋甚至可以说服我们自己和别人相信，我们一直在工作，即使事实并非如此。

无休止的规划也是一种拖延症。我们规划了所有的任务细节，而当规划完成之时，我们可能又会决定：要么修改该规划，要么取消任务本身。然后，我们会再去规划另一项新任务，等等——我们通常并没有意识到我们在做的所有规划也是一种拖延。归根结底，这是一种最好将其称为有效拖延的行为，因为它使你感觉你在取得进展，但实际上你只是在原地踏步而已。

如果此刻我们能够逃避因拖延某项任务而受的责备，那我们会倾向于这样做，因为这很容易、很舒服且毫无压力。这就是许多未来会成功的故事到头来只不过是个美好设想的原因。由各种"拖延"串起来的人生终将"一事无成"。

沉迷于诱惑之物和分心之物。如果"坚持到底"这条路像一条两侧都是空白墙的过道，那么沿着这条路毫不拖延地走下去会很容易。如果你没得选，你很可能会埋头工作、工作、工作。可惜情况不是这样。这条路上到处都是新奇的小玩意儿、闪闪发光的绕行标志和路边停车处。在当今时代，诱惑之物和分心之物随处可见，有些东西就像手机屏幕上的红色提醒通知一样简单，并会使我们的大脑充满能让人感觉良好的化学物质，而反过来，这些化学物质又会使我们黏在手机上的时间更长。

例如，有位市场营销官承担了一项开展新产品推广活动的任务。她很清楚自己需要做哪些研究、撰写什么样的报告以及如何开始准备演示文稿。但她没有坚持到底并保持专注，以便更高效地完成任务；相反，她的时间都被 Snapchat 上的交谈、YouTube 上的狂欢和无休止的 Instagram 滚动消息占去了。最终，这位营销官可能会完成该做的研究、该撰写的报告和该准备好的演示文稿，但这不太可能反映出她真正的潜力。

毫无疑问，我们不可能消除世界上的诱惑之物和分心之物。毕竟，它们并非问题的症结所在。主要问题在于，我们缺乏妥善处理这些诱惑之物和分心之物的实际经验。虽然它们可能会在"坚持到底"这条路的两侧大量出现，但我们仍可通过"策略性回避"和"健康、适度地利用它们"这两种方法来管理此类情形。

首先，我们可以采取一些策略来回避诱惑之物和分心之物。例如，如果频繁的社交媒体消息推送分散了我们的注意力，那我们可以安排一段时间，让自己退出社交媒体账号登录而专注于我们的工作。

其次，我们可以以健康和富有成效的方式来应对诱惑之物和分心之物。我们不需要为了将目标坚持到底而剥夺我们余生中那些诱人、愉悦的休闲活动。事实上，我们不应该这样做。

通过参加我们觉得有趣的活动来使自己得到应有的休息，有助于我们实现自我提高，从而更高效地工作。关键是，我们要有足够的自律性，以健康的方式参加这些活动。例如，在完成一定量的工作后，我们可以定期奖励自己 10 分钟的休息时间，然后利用这个时间重新登录并查看我们的社交媒体账号。

时间管理不善。"要做的事情太多了，而做事情的时间却不够。"你曾多少次听同事、家人或你自己说过这样的话？又有多少次你能发现你们缺少的其实不是时间，而是高效利用时间的能力？我们每天拥有的时间都一样长。

时间管理是指一种利用时间的实践，旨在使生产力和效率最大化。良好的时间管理不仅包括安排任务的能力，还包括识别哪些任务最好在何时完成的洞察力和良好判断力。此外，良好的时间管理需要有按照最初计划完成任务的自律以及在相应地组织资源方面的专注。一方面，有了良好的时间管理，就可以更巧妙地安排日程，然后对各项日程的跟进就会更迅速，因而按计划完成任务便没有问题。

另一方面，糟糕的时间管理与缺乏规划、组织、专注和自律有关。如果我们忘记、忽视或错误计算完成任务所需的时间，那接下来就有可能会发生多米诺骨牌效应，打乱我们的其他规划。如果我们无法预见并提供所规划活动需要的资源，那活动就有可能被延误甚至取消。很多时候，我们没有优先执行我们的活动，反而将时间花在了不重要的任务上，导致努力败北（可能还会因此被老板怒斥）。

21 世纪的生活对我们平衡工作与生活的能力提出了前所未有的挑战。随着科技的发展，我们的工作时间和娱乐选项比以往任何时候都要多，我们似乎再也找不到足够的 24 小时来调和我们每天需要和想做的一切。在这样的需求和生活方式下，糟糕的时间管理就成了常态，而良好的时间管理则似乎是一种只有有学识的人才能掌握的超能力。

如果我们在日常工作中连时间都管理不好的话，那我们又怎么能指望找到时间来完成更宏大的人生规划呢？

心理障碍

心理障碍是指内在的（而且往往是无意识的）精神机制，这些机制阻碍了我们坚持到底，它们包括：（1）懒惰和缺乏纪律性；（2）害怕被评判、遭遇拒绝和失败;(3)出于不安全感的完美主义;(4)缺乏自我意识。这些在内部运作的心理障碍会抑制外部行动,因而会阻止我们坚持到底。

懒惰和缺乏纪律性。我们没有坚持到底的原因有时很简单,就是太懒和缺乏纪律性。我们的懒惰阻碍了我们走出自己的舒适区,去执行那些能让我们更接近目标的重要任务。我们缺乏纪律性,把时间浪费在分心之物和诱惑之物上。我们可能会规划好日程,准备好待办事项清单和我们需要准备好的其他一切,但不知为什么,我们就是缺乏开始、执行并持续推进的意志力和纪律性。我们看到了我们必须做出的牺牲,但我们就是认为这些牺牲(无论多小)不值得。

意志力是激活我们身体的能量,而纪律性是核心,它通过引导这种能量来使我们不断地朝着目标前进。如果我们找不到一种方法来激活我们的意志力和纪律性的话,我们的身体就会一直处于非活跃状态,我们就永远不可能坚持到底。

害怕被评判、遭遇拒绝和失败。劳拉是当地一家组织(该组织为不幸儿童提供教育机会)的志愿者，她想举办一场筹款活动来吸引更多的赞助商。为了顺利举办这次活动并筹到所需款项，劳拉对她需要做的事情做了规划，并研究了她需要与之交谈的对象。

在她打第一个电话启动这项工作前，劳拉就已十分紧张。她有些犹豫，心想：如果我组织了这场活动，但没有人报名参加，那该怎么办？如果我们的社区领袖支持我这个想法，但活动最终办砸了怎么办？如果我们举办活动的总开销比实际筹到的钱还要多呢？想到这些，劳拉便完全放弃了她最初的那个想法。这个决定令她顿感如释重负。

阻止劳拉坚持到底的是她对被评判、遭遇拒绝和失败很恐惧。对她来说，不坚持到底是一种自我保护行为，是一种使自己免于承受失败的痛苦的方式。既然她无所求，那她就不会遭遇拒绝。既然她没有任何目标，那就没人能说她是个失败者。

因此，对被评判、遭遇拒绝和失败的恐惧使我们无法坚持到底。我们认为，放弃行动的话，我们就不会产生任何可能需要被评判的结果。如果我们不会被评判，那我们也就不会遭遇拒绝。如果我们不努力去追求某一件事（尤其是挑战我们的事情），那我们就不会遭遇失败。然而，这些想法都是十分严重的逻辑扭曲。不行动和不坚持到底意味着我们甚至在还未开始前就已经评判和拒绝了我们自己。当我们决定不去尝试的时候，实际上我们就已经失败了。

出于不安全感的完美主义。近几年来，保罗一直在为申请晋升做准备。他一直在努力提升自己的专业知识和技能，例如参加各类研讨会、认证考试和研究生课程。他希望自己的履历是完美的，这样当他申请晋升时，他才能确信自己会得到晋升。对保罗来说，要么完美，要么一无是处。

几年过去了，保罗一直没有申请过更高的职位。他认为自己的资历一直都不够好。保罗的完美主义源于他对自己不够优秀的恐惧和不安全感，这是他不能坚持到底的原因。他没有采取行动促使自己前进，而是将精力集中在过度规划和追求完美上，最终导致停滞不前。在外界看来，保罗似乎是一只为实现目标而忙碌的小蜜蜂，但事实上，他的内心被完美主义左右，无法真正坚持到底。

缺乏自我意识。缺乏自我意识可能也是一种阻碍我们坚持到底的心理障碍。因为我们往往害怕犯错误，害怕冒险走出我们的舒适区，所以我们永远无法充分了解我们的潜能。因此，我们的许多兴趣、激情和才能始终不为我们所知。我们并不了解自己的真正能力，但我们仍然坚信：即使我们努力了，我们也永远不会成功。因此，我们没有将我们的计划坚持到底，而这样会使我们一生都陷入停滞。

而且我们甚至都可能没有意识到自己已陷入停滞陷阱，因为我们还缺乏"我们并没有坚持到底"这样一种自我意识。我们继续过着忙碌的生活，满足于"我们不可能比现在更努力了"这样一种想法。但是，如果我们将生活中忙碌的点点滴滴剥离并仔细审视全局的话，我们就会意识到：我们一直在逃避将真正重要的事情坚持到底。

至此，你应该明白为什么我们没能坚持到底了。一开始，我们充满兴奋和热情，满怀期待，但最后却以借口和托词收场。很多时候，我们都会被眼前既简单又方便的事物所诱惑。我们中的一部分人不想知道除此之外还有什么可能，因为我们既害怕这种可能，又害怕为实现这种可能而不得不付出的艰苦努力。

但为了你的个人成长和幸福，鼓起勇气想一想：如果你养成了坚持到底的习惯，你的生活会有何不同。

如果我们坚持到底会怎么样？

坚持到底这条路更为艰难，但它带来的好处使得这段旅程中的奋斗有所值。如果你养成了坚持到底的习惯，你将能提高你的生产力，最大限度地利用每一个机会，并充分发挥你的潜力。你的学业和职业目标将成为你生活中的真正路标，而不只是白日梦，最终以挫败收场。

做一个坚持到底的人还能改善你的各种关系。你会发现，如果你始终信守承诺，你会获得并保持上司、同事和员工对你的信任。更重要的是，你将使你与配偶、孩子和朋友的关系更上一层楼。他们知道你的话可以相信，因为他们看到的是你按计划行事，并兑现承诺。

而且，坚持到底将帮助你与自己建立更好的关系。坚持到底迫使你与自己的欲望、需求、能力和恐惧更密切地对话，这样你就可以掌控自己的生活，而不只是沦为无意识恐惧和社会压力的奴隶。

总之，坚持到底是专注、自律、行动力和坚持四要素的有力结合。正是这种力量推动着你收获更高的职业成就、更好的人际关系和更高的个人满意度。

然而，策略障碍和心理障碍往往会阻碍你将梦想和目标的实现坚持到底。一开始，你可能有激情和动力去做某事，但你内心的这团火很可能会在沿途的某个地方熄灭。要重新点燃它，就必须首先了解是什么阻碍了你，然后运用正确的策略和心理工具来帮你将一开始做的事情坚持到底。

回顾一下本章开头讲述的埃斯特的故事。她

请了假，希望能够借此开始自己的事业，但她未能坚持下去，因为她很容易沉迷于令人愉悦的分心之物，并且害怕遭遇拒绝和失败。她没有利用这段时间来设定切实可行的目标，并坚持实现自己的梦想，而是再次回到了自己不喜欢的生活中。

想象一下，如果埃斯特认识到了阻碍她坚持到底的障碍，而且运用了正确的策略和心理工具来应对这些障碍，并最终成功经营了一家家庭烘焙店。那么，她每天早上都会兴奋地醒来，并开始做她喜欢的事情。她每天都会陪在儿子身边，看着他成长。她会过上梦寐以求的生活。

花点时间想想你自己的生活。你是否在坚持追求你生活中真正想要的东西？又或者，你会常常沦为阻碍你这样做的策略障碍和心理障碍的牺牲品吗？

如果你的答案是后者，那么请继续读下去。以下内容将为你提供你所需要的工具，并向你描述如何在自己身上培养"坚持到底"这种最重要的力量。

要点

- 坚持到底的艺术是使你创造真正想要的生活，而不是满足于现在的生活。

- "坚持到底"由专注、自律、行动力和坚持四个要素组成，所有这些要素都同样重要。

- 坚持到底并不是你知道你必须这样做就可以做得到的，没这么简单。很多时候，我们都没有做到有始有终和坚持到底，这其中有许多强有力的原因。这些原因通常可分为两类：抑制策略和心理障碍。

- 抑制策略是指阻碍（我们甚至都没意识到这种阻碍）自己取得进步的规划方式。它们包括：（1）设定糟糕的目标；（2）拖延；（3）沉迷于诱惑之物和分心之物；（4）时间管理不善。

- 心理障碍会导致我们不能坚持到底，因为我们在无意识地保护自己。它们包括：（1）懒惰和缺乏纪律性；（2）害怕被评判、遭遇拒绝和失败；（3）出于不安全感的完美主义；（4）缺乏自我意识。

| 第 2 章 |

求知若渴

Finish What You Start

是什么促使你坚持到底和有始有终？你又是如何保持明确的目标的呢？

我们来看看莎莉的例子。莎莉是位理想主义者，她创办了一家帮助贫困群体的慈善机构。但是，在为此努力的过程中所遇到的种种挑战令莎莉始料未及。她没想到，非营利机构仍属于企业，这使得她的工作内容远不止助人这么简单。

每当她在获取资助、与其他慈善机构竞争捐款和拨款以及通过开展行销活动来激发人们对其事业的兴趣等方面遇到挑战时，莎莉都不知所措。"为什么关心他人这么难啊，"她问自己。

很快，莎莉对这项工作就完全没了兴趣，因为这项工作给她带来的消极情绪和联想实在太多了。她讨厌写授权信和参加慈善活动。仅仅几个月的时间，她就放弃了一项她非常关心的事业。人们想知道，为什么她不再为自己认为有重大意义的事业工作。

莎莉失败的一个关键是，她无法预测和规划其基金会的消极因素。她想象着把更多精力放在助人上，而不是放在获取资助上。因为她完全靠自己的目标来激励自己坚持到底，所以在克服基金会商业因素的消极影响方面，她没有做好任何准备。

另外，莎莉最大的问题是没有找到真正的动机来源。她需要找到这个来源，以帮助自己克服消极因素带来的沮丧影响。通过在她的梦想、积极因素和消极因素之间建立一种平衡，消极因素就将成为实现她宏伟目标的可接受障碍。她也可以提醒自己当初为什么要做这个项目，以及她做的每一件事（甚至是她讨厌的任务）是如何帮她实现理想主义梦想的，从而使自己保持前进的动力。

莎莉的例子颇具代表性，说明不能只依靠你

对某件事的热情来引导你坚持到底。

有时只是因为我们不在乎自己在做什么，我们才没有坚持到底。因为不感兴趣而失去动力，这是可以理解的。但是，关心一些事情并不一定是将其坚持到底的关键。有些时候，即使是我们关心的事情，但由于我们缺乏推动自己前进的动力，我们也依然无法坚持到底。

这种动力缺失是由三个重要方面之间的严重脱节造成的：（1）我们关心的事情所代表的东西；（2）我们从行动中获得的积极影响；（3）我们可以避免的与我们事业相关的消极后果。当我们与这三个方面都联系得不够紧密时，我们就会失去动力，这三个方面共同塑造了我们的动机。

什么是动机？动机是对你真正重要并亲近你内心的东西。动机使你真正想朝着自己的目标努力，它不仅会推动你前进，而且会使你打消放弃的念头。最重要的是，你必须尽量减少工作带来的消极后果，同时使你所获得的积极影响最大化。

定义"动机"概念的方法有很多，有框架将其分为了外在动机（或外部激励因素）和内在动机（或内部激励因素），该框架很有效。

外部激励因素

外部激励是指利用自身以外的资源来作为做某件事的动力。这些资源包含促使你采取行动的其他人或环境。你会做些事情来避免消极环境，或通过你之外的人和事来获得积极环境。

更为典型的是，外部激励与避免消极后果有关。例如，你可能试图避免因失败而令家人失望，所以你决心要成功。你可能害怕被解雇，所以你表现得沉着冷静。这些激励因素中的大多数是你非常想避免的惩罚或消极后果。唯一积极的外在动机是自我贿赂。

不过，如果你利用外部激励因素来增强你的优势，你就能获益良多。驱使自己避免消极后果可以成为你做一件事的绝佳动力。没有人愿意受苦。如果你知道不坚持到底会导致某种痛苦，那你就会尽一切努力避免这种消极后果。因此，你认为自己别无选择，只能坚持到底。

问责伙伴。问责伙伴是让你负起责任的人，是你承诺与之合作的人。这个人让你知道在什么时候需要做什么，当你想放弃时，这个人会批评你。然后，如果你没有坚持到底，这个人会跟着受拖累。

因为你想避免使这个人失望，所以你更有可能采取行动。你依靠这个人来给你提供避免失败耻辱的外在动机，这样你就会对自己的行为和目标负责，从而避免接收到对方的消极反馈。因为这个人指望你们共同努力实现目标，所以为了避免让这个人失望，你也会承担起责任。

问责小组。问责小组可能比单一伙伴更有效。通过让多人问责，你可能会面临巨大的羞耻感——多人相互叠加产生的羞耻感和失望感是你想要避免的可怕感觉。此外，如果有人退出，也仍会有人向你问责。依靠单一伙伴的承诺可能很难，但一个团体在压力之下会更加稳固。有更多的人来回答和引导你，可以使你不偏离正轨，从而能避免令你羞愧的事情发生。

预付费用。亏本的风险是你可以利用的另一个激励因素。这方面一个很好的例子便是昂贵的健身房会员费，它让你想更频繁地去健身房。你不想浪费钱，所以你去健身房只是为了让你支付的费用值得。

另一个例子是花一大笔钱来学习某门课程。你想完成这门课程，因为你为此付出了太多，你觉得浪费这笔钱是一种耻辱。先预付一笔费用（甚至在你还未准备好时），你就会为了避免浪费和损失金钱而被迫跟进。这里起作用的主要因素是，把钱花在你从不使用的东西或从不去做的事情上，会让你有内疚感。

你可以聘请某种类型的教练或培训师来将货币投资激励因素提升至一个新高度。这个层次之所以更高，是因为通过支付某人费用来使你承担责任这种做法将货币投资和问责伙伴结合起来了。现在你有了两个不放弃承诺的理由。其一，你当然不想浪费钱；其二，你也不想从一个对你失望的问责伙伴那里听到你是如何失败的。

最后，你还可以把钱放在别人那里，然后告诉他们，在你完成某件事之前不要把钱还给你。当你给朋友 500 美元并跟他们讲，在你完成任务前不要将这 500 美元退还给你时，你会很快发现你的职业道德对你来说有多重要。如果 500 美元还不够，那么下次把金额再提高一些，使其真正成为你为之努力的目标。

自我贿赂。最后一个外部激励因素是自我贿赂。这是你向自己承诺的：如果你坚持到底了，就要给自己一个奖励。因此，你是在通过奖励来激励自己，帮助自己克服困难。例如，你可能知道，如果你挣到足够的钱并聪明地攒钱，你就可以去梦想的海滩度假。当你每次想花钱的时候，保持去海滩度假的激情都会给予你有力的提醒。

外在动机主要与避免痛苦有关，所以要弄清楚你在避免什么痛苦，或者你在给自己制造什么痛苦。然后，让避免这些痛苦的强烈欲望驱使你。避免消极社会情绪很有效，因为没有人愿意感到羞耻、内疚或被拒绝。利用你对消极社会情绪的恐惧，将你的项目或承诺坚持到底。

内部激励因素

内部激励关乎你想要什么，而非避免消极后

果或惩罚。

如果你的动机是避免消极后果，而你又在某种程度上意识到消极后果可能不会真正陷你于绝境，并且你能应对它，那你的动机有时就只会是应付这种后果。

在某些情况下，依靠外部激励因素和恐惧并不像追求你所喜欢和想要的东西那样有效。因此，内部激励因素往往是比外部激励因素更好的激励来源。可以这样来看待这个问题：如果你受恐惧驱使，或者面临严重的消极后果，那外部激励再合适不过了；而如果你知道自己想要什么，并且没什么可担心的，那内部激励更适合你。

内部激励因素是你采取行动并付出努力的"因"。想象一头驴向前走，去够胡萝卜。内部激励因素是胡萝卜，而外部激励因素是大棒。外部激励因素会促使你走出对不愉快事物的恐惧，而内部激励因素会让你觉得，达成目标会给你带来巨大的回报和许多令人愉悦的好处。

你能表达出来的内在动机越多，你就越有动力坚持到底并完成任务。通过问自己以下问题来确定你将如何受益，然后，让你对这些益处的渴望推动你前进。内在动机往往更加统一，因为它们表达了人们的普遍愿望和需求。

你从中得到了什么？也许你正在获得金钱或者生活中的幸福感和满足感。如果你离目标越来越近，那意味着获益良多。

你的生活将如何改变或受益？如果你赚更多的钱，你可能会拥有更好的房子或私家车；或者，你可以通过取得更高的成就，从抑郁和终极悲伤中恢复过来。

你的家庭将如何受益？你的家人对你很重要，所以让他们激励你。想象一下他们脸上的笑容，你给了他们更好的生活，他们会为你感到骄傲。想象一下，让你的孩子穿上更好的校服，住在更安全的社区，并能上得起私立学校和大学。

你会对其他人产生什么影响？你也许会成为一些人的榜样，这反过来会让你觉得自己很重要、很了不起。也许你可以向慈善机构捐款，或者在冬天给有需要的人送去衣服和鞋子。也许你可以捐钱给你所在的社区，建造以你的名字命名的新建筑物。

你会获得什么样的积极情绪？想想你将从最终达成目标中收获的幸福感、自豪感和自尊。毕竟，这可能是所有慈善努力的根本所在。

你的行动将如何实现长期和短期目标？你是否在一步步迈向目标？想想你创作一部小说必须做的事情，如研究或计算要完成的字数。然后想想你每天朝着这些目标迈进所采取的步骤。

在日常生活中，利用内部激励因素确实可以帮助你完成你必须完成的各项任务。即使当这个过程变得艰难、你打算放弃时，专注于你的世界将如何受益也会使你在做到有始有终方面容易很多。所以，每当你不得不做一些你讨厌的事情时，想想它会如何让你更接近你的目标；或者，当你发现自己在实现目标时感到无聊或疲惫时，想想你完成目标时会有多棒。每天都回顾你的目标，以及你为什么要完成这些目标。然后让它们使你充满动力，推动你朝项目完成的方向前进。

回答以上问题，并考虑将你的答案写下来，

然后定期回顾，以提醒自己为什么要改变或改善现状。

了解机会成本

坚持到底和有始有终总归是要付出代价的。

你必须花钱，付出努力，并放弃你本可用来做你喜欢之事的时间，以集中精力完成你必须完成的任务。因为一般来讲，没人喜欢付出代价，有时付出代价的阴影会掩盖你的目标，除非你创造出足够强大的激励因素来战胜你的牺牲感，让每一次代价的付出看起来都是值得的。

生活中的每件事都伴随着机会成本，这意味着你做每件事都需付出一定代价。每个行动都会占用你做其他事情的时间或精力。学习弹吉他意味着独自几个小时练习音阶、和弦，以及处理手指上疼痛难忍的老茧。上大学需要早起，去听无聊的讲课，并花上几个小时来完成课程作业。你准备好对这些事情进行权衡了吗？

如果机会成本太高，超过了你愿意承受的程

度，那么你就不会坚持到底。因此，你必须找到一个能促使你接受该机会成本的激励因素。如果你受到的激励不足以使你承担或接受该成本，那你肯定会失去动力并放弃。

有两种途径可以解决这个问题。首先，你必须拥有更强大和更突出的动机，这样你才能忽略这些机会成本和你因此错过的东西。相较于你牺牲掉的东西，动机对你的意义一定要更重要才行，因为只有这样你才会觉得这一切都值得。

其次，减少你付出的代价。这意味着与完成任务相关的痛苦更少。为了有利于获益，这两种情况都必须对成本效益分析进行重要权衡，只不过第一种方法是控制获益，而第二种方法是控制成本。

这方面的一个例子是，放弃每周五晚上和朋友一起出去玩的时间，去上午夜历史课。这门课对于你获得梦想职业所需的学位至关重要。但你真的很喜欢和朋友出去玩。这时要采用第一种方案，你想要从事这个职业、改善你的生活、为自己感到骄傲的愿望必须超过你喜欢周五晚上外出的程度。你必须记住，如果你能抵挡住几个周五晚上的诱惑，你的生活就会发生翻天覆地的变化。否则，你会发现这两者之间的冲突实在太大，难以克服，你很可能会为了朋友而放弃这门课程的学习。

让我们应用第二种方案来获得相同的结果。与其单纯放弃周五晚上外出，不如安排一个不同的夜晚，或者竭尽全力在课后外出，然后每周五晚上少花点时间和朋友在一起。这样，你把完完全全的非此即彼变成了折中取舍。最终结果是两全其美，你既可以继续做你想做的事情，同时又可以实现你的目标。

当面临机会成本和潜在付出时，请记住：虽然生活不能完全按照你希望的那样进行，但如果你专注于增加获益或减少付出，那么你可以在朝着目标继续前进的同时保持积极性，而不是无精打采。

记住你的动机

在推动坚持到底所需的生产力及承诺方面，内部激励和外部激励都是不错的方法。但如果这些方法没有被看见和想起，那它们就发挥不了任何作用。

按照《心理科学》（*Psychological Science*）的说法，如果人们接触到的是能提醒其动机的刺激，那他们更倾向于坚持到底。看到或听到他们的动机可以驱使他们保持前进的动力。换言之，有时最简单的办法效果最好，不断提醒会让你坚持正轨，因为我们的大脑能专注的事情太有限了。

此外，美国宾夕法尼亚大学的行为学教授凯瑟琳·米尔克曼（Katherine Milkman）提出了这样一个假设，即通过联想提醒可以帮助人们记住并实现目标。

为了证实这一假设，凯瑟琳进行了一项研究。在研究过程中，参与者被要求用电脑完成一项持续一小时的任务。参与者得到了"会给他们补偿并替他们向当地食品银行捐赠1美元"的承诺。但他们被要求在拿到补偿时，需通过捡回形针来确保自己的捐款。凯瑟琳将这一点告知了对照组，并感谢他们的参与。测试组则被告知，回形针在大象雕像旁。

结果发现，测试组中有 74% 的参与者描述了大象雕像，并记得在最后带回了回形针，而对照组中只有 42% 的参与者记得这样做。有了大象雕像这样的视觉提醒，学生更容易记得完成简单的任务。当看到这座不寻常的雕像时，学生的联想记忆要远胜过普通的说明。

最重要的是，罗杰斯和米尔克曼发现，非常明显的线索比不突出的线索效果更好。例如，文字提醒并不会使调查参与者注意到像《玩具总动员》中外星人那样的视觉线索。

因此，使激励因素对你起作用的最好方法是让自己经常接触到它们。你可以利用各种线索来帮助你记住自己的动机，从而坚持到底。不过，对你而言，这些线索一定要非常突出。

例如，利用你无法忽视的明显、生动的图像或者包括声音、质地和气味在内的其他感觉。在你桌子上放一张你孩子的照片，提醒你继续朝着你的梦想努力，为你的家庭创造一个经济状况更好的未来——但要让相框散发出你孩子的香波味或者你配偶的香水（或古龙水）味。要强调的是，能为我们提供视觉帮助的东西不是只有便利贴，我们可以以富有想象力和创造力的方式将相关线索传达给我们的五官。

不过，一定要每隔几天就挪动和变换一下这些线索，只有这样你才不会变得对它们习以为常，并开始将它们视为生活的背景噪声而忽略它们。

最后，你也可以隔几天就用不同的话写下你的激励因素。同样，一定要变换它们，以免太习惯于它们。每次重复创造线索的行为有助于你保持坚定且鲜活的动机。

要点

- 我们如何才能做到求知若渴并受到持续的激励？深入研究并询问自己有哪些内部和外部因素可以激励你——但很少有人这么做。

- 外部激励是指我们利用其他人、地方和事物来推动我们采取行动。在大多数情况下，采取这些行动都是为了避免涉及其他人、地方和事物的消极后果。这些方法包括问责伙伴、问责小组、预付费用和自我贿赂。

- 当我们考虑如何从中受益并改善我们的生活时，我们就需要利用内部激励因素。这些因素都是很容易让人迷失方向的普遍需求、驱动力和欲望。找出这些内部激励因素的简单方法是直接回答一组问题，例如：我将如何从中受益？我的生活如何得到改善？只有通过回答这些问题，你才能意识到你忽略了什么。

- 我们想要完成的任何事情都会产生相关的机
  会成本。我们必须付出代价，哪怕是走出我
  们的舒适区。我们可以通过利用成本收益率
  来应对这种心理障碍，从而使成本最小化或
  效益最大化。

- 事实证明，只有当我们意识到动机时，它才
  是最有效的。因此，你应该在你周围设置与
  你的动机有关的线索，而且要确保这些线索
  是清晰的和难忘的，能调动你的全部五种感
  官，并确保定期变换它们，以避免因为变得
  习惯而忽视了它们。

——| 第 3 章 |——

建立自己的规则

Finish What You Start

在前进的道路上，你会遇到很多岔路口，这时你必须审慎考虑是坚持到底还是放弃。与每次都要做出艰难抉择、都要深度借助你的意志力作为工具不同的是，建立自己的规则有助于你在遇到岔路口时决定朝哪个方向走。

　　我们从小就被告知必须遵守规则。不过，这一次我们可以选择我们自己的规则，这些规则最终将帮助我们实现自己想要的目标。

　　一般可将规则视为思维模式，其对于坚持到底至关重要。这是因为规则创建了一种既有方式，使你无一例外地必须做出每个决定。由于你的规则已经替你做出了决定，因此你的决定是自动做出的，你再也没有根据慢慢减弱的意志力和自律性来做出错误决定（即放弃）的余地。

规则让你承担责任，所以你每天都不是在临时应付，而是受到了指引。用你的规则来引导你的世界观和日常行为，让它们为你做每个决定。

关于规则，一个很好的例子是每天都要为实现目标去完成待办事项中的两项。不这样做是不可接受的——无论如何，你都必须完成这些步骤。结果，你会发现你在朝着目标前进，甚至在你不想做时也是如此。这个选择不是你自己做出的。坚持每天工作不是你的决定，你的规则已经替你做出了决定，因此你别无选择，只能照做。

以作家约翰为例，他没有遵循"总是完成待办事项中的两项"这个规则。

早上，他很兴奋，心想：下班后，我要回家开始写小说！我要写两章。然后，他去上班，回到家时已是疲惫不堪。一天下来，他的灵感无疑在一点点地流失。当他回到家时，他只想看《绯闻女孩》（*Gossip Girl*）。因此，由于他没有遵循该规则，所以他没有动笔。他没有取得任何进展，离他的目标仍很遥远。由此产生的可怕的内疚感困扰着他。当他上床睡觉时，他对自己发誓，明天一定要写四章来弥补被耽误的进度。

你猜第二天会发生什么？他同样疲惫地回到家，再一次放弃了写作。他将"工作使他筋疲力尽"这个事实作为了他不写作的借口。另外，由于他今天面临着写四章的艰巨任务，因此他更是感觉无从下笔。如果前一天晚上他没有精力写两章，那今晚他肯定不会有精力写四章。他不知所措，根本写不下去。他似乎永远也完不成他的小说，因为他总是找借口逃避写作。

他给自己留了太多的选择和余地，因此很容易就允许自我毁灭。

现在，设想约翰每天都遵循该规则（这条白纸黑字的规则不会管你是否很疲惫）。无论有多疲惫和缺乏灵感，约翰都知道每天晚上下班后一定要写两章，没有例外，也没有借口。所以，尽管他回到家时一边盯着电脑一边又很受电视的诱惑，并想偷懒、想放松，但因为他在生活中遵循了该规则，他不能打破它，所以他必须写作。事实上，他整天都在计划，因为他知道事情总会来的。他坐下来，写完了两章，然后上床睡觉，虽然筋疲力尽但很满足，并为自己感到骄傲。他的小说取得了重大进展。很快，他就完成了他的小说，这种成就感使他觉得，他在下班后拖着疲惫的身躯回到家时还坚持写小说是值得的。

规则有助于你坚持到底，因为它们限制了你的选项。当你的决定权被剥夺时，你就受到了束缚，你唯一的选择就是坚持到底——如果你有决定权的话，你很可能会在需要完成重要任务时分心。

本章与建立一套供你在每次遇到岔路口时遵循的规则（统称为"宣言"）有关。这些规则会推动并引导你走向正确的方向，避免耗尽你的意志力。以下一些理念供参考。

规则 1：自我评估

规则 1 是问自己："如果不是因为懒惰或恐惧，我会放弃吗？"这使你自己心里明白，你没有采取行动并不是因为缺乏能力或天赋，而只是因为懒惰或恐惧。这就是你想对自己坦白的吗？

当你直面自己的懒惰或恐惧时，你就再也不想那样了。正是这种强烈的要求迫使你承认自己的懒惰或恐惧，然后驱使你采取行动。

意识到阻碍你的只是懒惰或恐惧，将有助于你认识到这有多么愚蠢，然后你会想办法克服它们。所以，在你放弃之前，一定要问自己，是不是懒惰或恐惧阻碍了你采取行动。

比方说，你的目标是在一个月内向客户交付很多项目，从而获得一定收入。但这项工作很辛苦，你发现自己失去了动力，想停下来歇几天。那么，问问自己"我这是在偷懒吗"，这会使你开始工作并采取行动。你做了你该做的事，尽了自己最大的努力，你会觉得自己很棒。

规则 2：最多三项任务

规则 2 是每天最多只关注最重要的三件事。不知所措或杂乱无章会扼杀你完成任务的能力。有时，我们无法将我们想要做的事坚持到底，是因为我们的规划不够明智。我们给自己安排了太多要做的事情，这使得我们不知所措，但利用本规则，你可以通过每天最多只关注三件事来规划应对这个问题。你可以在头天晚上确定第二天要做的事情，然后规划如何将注意力集中在这三件事上。准备好只专注于这些事情，这样你就可以有逻辑性地进行规划，而不会做出情绪性反应。

当你试图将自己限制在每天三项主要任务时，你会面临"差异化"这个障碍。具体来讲，你需要学会区分重要的事情和紧急的事情。重要的事情必须做，并应列入前三项，而紧急的事情并不是必须要做的。

紧急的事情看起来可能很重要，并会使你感受到压力，但实际上，它们可能并不重要，也不具有优先权。一件紧急的事情可能是为着急催促你的客户腾出时间，而与此同时，在截止日期之前将项目交付给客户是一项重要任务。你日程上的每件事都会显得既重要又紧急，所以你必须确定哪件事最重要，并据此进行规划。

同样，需要区分看起来很忙但其实是在空转的无用行为和使你朝着目标前进的实际行为。例如，挪动你办公桌上的文件属于无用行为，而利用这些文件来完成工作并在项目上取得进展则是实际行为。要将真正重要的事情放在首位。

你如何利用本规则来设定自己的日程呢？假设你的业务需要完成五项任务。其中两项任务只是看起来很紧急，但并不真正重要，所以你决定稍后再关注它们。

你选择其中三项任务予以关注，然后评估哪项任务最重要，这样你就可以先将精力集中在这项任务上。在头天晚上，看看你的待办事项清单上的那三项，并确定你将采取哪些步骤来完成它们，从最重要的那一项开始。第二天，采取实际行动来执行你的第一项任务，然后是第二项和第三项。一次只完成一项任务，不要同时处理多项任务。这样，在一天的工作结束时，你就以切实可行的速度完成了三项主要任务！

规则 3：建立约束和要求

规则 3 是为自己制定实际规则。也就是说，创建使你在增强自律性和坚持到底的能力方面可以遵循的实际行为准则。详细写下这些准则，然后将其张贴于可见范围内。虽然你可能不会每天都遵循所有这些准则，但当你真正花时间思考并将其写下来时，你至少更有可能坚持到底。

这些准则应侧重于为你每天所做的事情建立约束或要求，以使你能够真正主动地完成任务。

本规则迫使你确定你真正需要什么和想要什么，并分析你希望实现什么。基本上，你会停下来检视自己，评估自己朝最终目标迈进的进展情况。这有助于你明确并更加专注于你的目标，使它们成为你职业道德中不可分割的组成部分。这样，当你着手完成某件事时，你就有了一个能使你将项目坚持到底的规则。

给自己建立五项日常约束和五项日常要求。明确说明你不能做什么和你必须做什么。

约束相对容易理解。它们限制了分心之物和诱惑之物对你的影响。至于要求，要明白你不是超人，你不能超负荷工作；相反，你应该更聪明地工作，并建立五项你可以合理满足的要求。你可能并不总是会遵守本规则，但至少你会对自己有些引导。此外，你还可以清楚地知道你每天都在做什么。

例如，约束自己每天看电视的时间不超过 1 小时，使用脸书的时间不超过 1 小时，午休时间不超过 1 小时。同时，要求自己每天至少读 30 页的书，在午饭前至少工作 4 小时，在打卡下班时必须工作满 8 小时。

规则 4：重申你的目的

规则 4 与规则 1 十分相似。如果你在决定是否坚持到底时面临选择，本规则就会发挥作用。本规则试图以提醒你自己的目标是什么以及为什么要实现这些目标的方式来重申它们。

当你发现自己在考虑退出和坚持到底时，问自己以下三个问题。最好是把答案写在某个地方，这样你就可以再审视一遍。

"**我想……**"。你可以在此描述自己的最终目标，以及你将如何从中受益。你的理由和动机是什么？不断提醒自己注意身边的外部或内部激励因素，如提醒自己，"我想变得富有"。

"我会……"。你可以在此描述你要如何实现自己的最终目标，以及你应该为实现该目标做些什么。这一描述使你的注意力又回到了完成你目前正在做的事情的必要性上，以及这些任务是如何与该最终目标联系在一起的。过程是目标的必要组成部分。这有助于你通过该描述非常具体地了解你真正需要采取的行动。例如，告诉自己，"如果我想变得富有，我就需要完成这个项目，并努力推进其他项目"。

"我不会……"。你可以在此描述你不应该做什么，因为那些行为会阻碍你朝最终目标前进。有很多事情对你取得进展不利，如分心之物、诱惑之物、缺乏自律性、拖延及其他具有破坏性或浪费的行为。告诉自己，"如果我想变得富有，我不会让社交媒体分散我的注意力，我也不会让社交媒体优先于工作项目"。

让我们将此概念应用于你可能遇到的潜在的现实生活难题。当你致力于完成一门在工作中加薪所必需的认证课程时，你会发现工作量巨大，会抱怨空闲时间太少。于是，你打算放弃，并对该认证说"见鬼去吧"。毕竟，你有工作，提升自己真的有那么重要吗？

当你考虑这一点时，应意识到这是你需要应用本规则的时候，因为你已经在"坚持到底"这条路上遇到了岔路口。你选择实施本规则，并向自己陈述三件事：

"我想在工作中赚更多的钱，并能为自己和未来的家庭买一所更好的房子。"

"如果我想有更多的钱，住进更好的房子，我会完成这门认证课程，这样我就能在工作中加薪了。"

"如果我想在工作中赚更多的钱，住进更好的房子，我不会让自己气馁，不会中断这门课程，也不会仅仅因为诱惑之物或懒惰而偏离正轨。"

至此，你从头到尾描述了你的目的。你可能已经注意到了，一个贯穿本书始终的主题是：重复有助于完成任务，其中思维方式是关键。我们可能有最美好的目标，但如果我们忘了它们，那它们又有什么好呢？当你不断面对你的最终目标，以及为了实现该目标你必须采取的步骤和你不能采取的步骤等这些问题时，这个目标会变得越来越清晰。

规则 5：从 10-10-10 的角度思考

当你以后觉得自己快要被冲动或诱惑打败时，停下来问问自己，10 分钟、10 小时和 10 天后的你会有什么感觉。本规则看起来可能没那么强大，但它很有效，因为它迫使你思考未来的你，看看你的行为将如何影响（无论好坏）你自己。很多时候，我们可能知道自己此刻正在失去意志力或在做一些有害的事情，但"知道"并不足以阻止我们这样做，因为没有与未来的自己建立起任何联系的话，我们无法应对这种后果。但本规则能帮助你迅速建立起这种联系，而这可以决定自律的成与败。

为什么采用 10 分钟、10 小时和 10 天这样的时间间隔呢？因为这有助于你认识到，与其带来的长期结果相比，不自律带来的愉悦感或舒适感是多么短暂。10分钟后，你可能感觉很好，虽然最初可能略微有点羞耻感。10小时后，你可能会感到羞愧和遗憾。10天后，当你意识到你的决定或行动对你追求长期目标产生的一些消极影响时，你可能会感到后悔。

当然，如果你在应用本规则时意识到你现在在坚持到底方面的小错不会在10天后产生任何影响，那你可以毫无愧疚感地放纵一下。

例如，假设你在决定是否跳过锻炼去与同事共进晚餐时应用本规则。如果你刚开始锻炼，还没养成一以贯之的习惯，那么你决定跳过一次锻炼可能会增加跳过未来的锻炼或完全停止锻炼的可能性。

10分钟、10小时和10天后你会有什么感觉呢？10分钟后——很好，虽然略带遗憾，但你仍可享用千层面或冰淇淋。这种快乐仍是有形的。10小时后——几乎完全后悔了，因为快乐已消失，转瞬即逝，你的饮食也被彻底打乱了。10天后——百分之百的后悔，因为被打破的自律现在完全没有了意义，只剩下一个模糊的记忆。千层面不会带来持久的好处，但会产生持久的成本。

话又说回来，如果锻炼对你来说已经是一个持续的、令人愉悦的习惯，那么可以想象，10天后你的感觉会很快告诉你，跳过一次锻炼并不会有损你的长期自律性或目标。

当你不受本规则的影响或者身处极为艰难的意志力困境时，你可以最后再问自己一个问题：在10周甚至更长的时间内，破坏意志力对你会有什么影响？如果你主要参与较长期的决策和任务，你可能希望将时间间隔改为10周。

在这个过程中，对自己诚实并警惕自己将借口合理化和找借口的能力至关重要。例如，你过去可能多次尝试戒掉上瘾的习惯，但都失败了，最终反而还强化了这种有害行为。如果你有过一次在自律性方面犯错后养成坏习惯的经历，那么诚实地评估你在10天或10周后的感受会告诉你，如果你想实现长期目标，那你现在根本无法承受在自律性方面犯错。在这种情况下，犯错既非例外，也不合理，它是你性格好坏的反映。

如果没有这种对自己诚实并警惕自己将借口合理化和找借口的能力，那么应用本规则就可能是白忙活。

规则 6：就 10 分钟

最后一条规则简单、容易且有力。

如果你想要做一些消极的、有害的或不利于你坚持到底的事情，那么在这样做之前请至少等待 10 分钟。这很简单，不存在任何可辩论或找借口的余地。当你感到有种冲动时，强迫自己在冲动前等待 10 分钟。如果 10 分钟后你仍渴望做这些事，那你就去做；或者再等 10 分钟，因为你已经等了 10 分钟，并完全适应了。只需选择等待，你就可以将即时满足中的"即时"去掉，从而建立起自律性并改进决策。

同样，如果你想停止做有益的事情，也只需再等 10 分钟。这是以不同方式应用相同思维的过程。10 分钟不算什么，所以等上 10 分钟或继续等这么长时间对你来说很容易。如果你等过一次了，那再等一次又何妨，不是吗？！换言之，每当你遇到岔路口时，对自己说"只需再坚持10分钟"。

本规则的另一个好处是使你有目的地养成良好习惯。如果你强迫自己做10分钟有效率的事情，你就可能会多做15分钟甚至20分钟。下一次，你的忍耐性就会建立起来，这样你就更不会受到诱惑之物和分心之物的影响，然后你就能再多坚持几分钟。

当你感到分心时，只需有多锻炼几分钟的意志力，你就会在每次增加锻炼时间时都能更好地坚持下去。在"就多10分钟"的迭代中，你会达到一个动能点，这个动能点通常足以让你坚持数小时。

要
点

- 宣言无非是一套每天都要遵循的规则。我们可能讨厌规则，但规则让我们不再需要去猜测工作，并为我们提供了可遵循的准则。规则使事情变得黑白分明，这有助于坚持到底，因为我们根本就别无他选。

- 规则 1：你的行为是出于懒惰吗？如果是，那么你希望这成为你的一个特征吗？

- 规则 2：每天最多三项主要任务。区分重要任务、紧急任务以及只是浪费时间和精力的行为。

- 规则 3：建立约束和要求。这些约束和要求使你不会偏离你需要做的事情，它们还是使你养成良好习惯的基石。

- 规则4：有时我们看不清自己要完成什么。因此，通过描述"我想……""我会……""我不会……"来重申你的目标。

- 规则5：试着设想一下自己在10分钟、10小时或10天后的感觉。当你考虑不再坚持到底时，你会喜欢你看到的吗？以牺牲未来的自己来为现在的自己谋利益，值得吗？可能并不值得。

- 规则6：就10分钟，不是吗？如果你想退出，再等10分钟。如果你需要等待，也只要10分钟而已。

——|第 4 章|——

坚持到底的思维模式

Finish What You Start

坚持到底完全是精神上的活动，它需要认知上的努力，尤其是当你遇到令人沮丧的障碍时。一定的思维模式有助于你坚持到底。

何谓思维模式？简单来讲，思维模式就是人们看待和处理各种情况及问题的固有方式。挖掘出将某件事坚持到底所需的意志力和动力完全取决于特定的思维模式。

以杰拉尔德为例，他的思维模式阻碍了他取得进步。杰拉尔德有很多创业愿望。他在精神上下定了决心，并很享受有朝一日成为像史蒂夫·乔布斯这样的知名富豪企业家的想法。虽然他知道并不是人人都能取得成功，但他对成功有时需要付出极为艰苦的努力却认识不足。

当杰拉尔德真正尝试创业时，有很多情况让他感到恐惧。例如，他必须投钱进去，这让他担心他可能再也拿不回自己的钱了，而这种恐惧令他不安。另外，还有件事也使他很不爽，那就是为了给自己的初创企业投入更多资金，他必须精打细算、削减开支并减少不必要的奢侈品消费。生活中没有了习以为常的奢侈品同样让杰拉尔德感觉很别扭，以至于让他不知所措。

杰拉尔德没有去适应让他感觉不适的情况，也没有接受让他感到恐惧的新事物，反而崩溃了。他认为创业者的生活方式不值得那样付出。他喜欢创业这个想法，但是没有为现实做好准备。当发现创立一家新公司并非一帆风顺后，他选择了放弃。最终，杰拉尔德没有创立自己梦想中的公司，当然也就失去了成为史蒂夫·乔布斯第二的机会，于是，尽管不喜欢，他也只得重操旧业，因为对他来说，做这样的决定很容易、很舒服。他从未取得过什么成就，也一直没有实现自己的梦想。

杰拉尔德的思维模式至少是消极的。他拒绝

应对不适或做出对他梦想的职业生涯来说略微有点不舒服的牺牲。他对已知的喜欢程度胜过未知的，尽管他已知的东西并不像他梦想的东西那样令他满意。这种思维模式使他选择从"一切都很糟糕、不值得"的角度来处理问题。他把注意力集中在了消极因素和不适上，并拒绝解决所遇到的问题。

如果杰拉尔德拥有不同的思维模式，他可能会成功实现目标。但是，不良的、僵化的心理习惯导致他错误地处理了问题，从而失去了成功的希望。他选择了错误的问题处理方式并最终放弃，结果他失败了。

如果他决定应对不适情况，他决不会因为某一时刻的艰难而放弃。他本可以调整、适应因做出牺牲和面对未知可怕情况带来的不适，而这会让他更好地创立自己的事业，成为一名企业家。

思维模式 1：这很值得

芝加哥学校改革联合会以及许多其他教育专

家都曾提到过，学生在校学习时遇到的困难情况有助于激励他们坚持不懈。三个有助于学生取得成功的理念能很容易移植到我们的成人生活中。

第一个理念是坚信努力工作能够并将带来进步。无论事情变得多么困难，只有努力才有可能得到你想要的结果，除此别无他法。其他一切都是运气的副产品——努力本身是必要前提。当然，努力并不能克服一切，但它的确是一个不可忽视的重要因素。

第二个理念是坚信你和像你这样的人都是学校的一分子，学校是你可以茁壮成长的地方。你可以将这一理念应用于校外环境。

这个理念的核心是相信自己和别人一样优秀。从根本上来说，你需要相信自己的能力，相信自己的机会。不要产生"我不如其他人"这种自我设限的看法来束缚自己。例如，"你也可以在商务会议上提出宝贵意见""你和办公室里的同事一样有能力处理好客户事务"等认知就体现了这一理念。

第三个理念是坚信你所做的事情是有价值

的，并与你的目标相关。如果你看不到这些事情对你有什么好处或有助于你实现目标，那你为什么还要坚持做它们呢？这一理念将贯穿全书所有章节。

明白你为什么要做某件事以及这件事是如何与你想要实现的大目标融合在一起的，会让这件事显得更有价值。如果你认为某种努力能让你接近目标，你就不会想要放弃。你甚至不需要即时的满足和目标达成，就能知道你没有偏离正轨。赋予你所做的每件事以价值，并牢记它是如何与你的主要目标联系在一起的，这一点非常重要，因为这能让你感觉到：只是通过工作，你就可以做得很好。

你做的每件事都有意义，所以你采取的每项行动都是有价值的。例如，当你觉得自己正在学习的学位课程毫无意义时，就可以运用该理念。记住，它们并非毫无意义，因为它们会使你获得学位，而这反过来又会使你在感兴趣的领域找到理想的工作。

这些理念可以帮到你，因为它们赋予你的工

作以价值和意义，而且它们可以使你感觉到，你只需坚持到底和执行就能有所作为。

思维模式 2：舒适与不适

另一种极为重要的思维模式是：相信你的成功之路有时会变得非常坎坷不平，所以你需要适应让你感觉不适的情况。坚持到底永远不会让你感觉舒适，因为它要求你做一些你不熟悉和完全陌生的事。要取得成功和永不放弃，你就需要增强自身对不适感的免疫力，以最大限度地减少不适情况带来的消极影响。

有时候，你可能会因为不适而避免去做一些有助于成功的事情。例如，你可能会因为疲劳而不想多做些工作，或者因为紧张而避免与新朋友交谈。你积极地排斥成功，因为你想规避短暂的不适。

因此，克服仅仅因为事情一开始令你不适就想规避它们这种本能十分重要。改变总会引起人的不适，但它对于做些不同的事情来找到神奇的成功公式很关键。因此，走出你的舒适区，去尝试一些新的事物吧。例如，尝试学习新技能，与新朋友交谈，练习你不擅长的新动作直到擅长为止。总之，让自己接触新的情况和事物。虽然不熟悉会令你感觉颇为不适，但除此以外，你别无他法来拓展你的视野并取得成功。

你越是做让你感觉不适的事情，你就会对不适越适应。你会发现，不适只是一种暂时的情绪，而这种情绪会随着对不适情形的接触而消失。不适的好处远远超过了感觉上的轻微和短暂的不愉快。当你意识到不适并不会真正伤害你时，你就再也不会那么害怕不适了。

同时，"只做自己知道的事以保持舒适感"这种想法很糟糕，这会导致自满和一成不变。如果只做你一直在做的事，你就不会做出任何改变。

不要因为事情需要做出一些改变并会产生一些不适就放弃。不适感只是你本能的恐惧，实际上并不会伤害到你，所以适应不适是个不错的想法。

你可以选择宅在家里，不去结识新朋友；你

也可以选择走出去，建立有助于实现目标的重要联系。你可以选择永不学习一门新语言，也可以选择学习它并找到大量新的商业机会，例如有意思的海外工作或高薪翻译。通过反复上语言课并与新朋友交谈，你会习惯于走出舒适区的感觉。因此，你会适应不适。然后，你会不再害怕不适，并敞开心扉去迎接生活中的一些积极变化。只要你每天坚持不懈地督促自己，并尝试新事物，你就会扩展你的舒适区，过上梦想中的生活。

思维模式 3：使学习成为可能

这种思维模式需要培养"坚持到底和有始有终就是对自己的认知和评价"这种观点。基本上，你是在根据自身的进展来测试和评价你自己。放弃是一种自动失败。

当你完成某件事时，你就成功通过了测试。你可以了解和评价自己的表现。另外，你还可以获得很多有助于你取得成功的重要技能和信息，如果你在某件事情上失败了，这些技能和信息使你可以再次尝试并有更好的表现。

　　只有当你把某些事情看透时，你才能了解它们。例如，假设你处于不断寻求信息和知识的状态，那么只有在整个项目完成时你才能获得这些信息和知识。否则，你无法充分了解事情的运作方式。如果你坚持到底，你就可以了解到完成某件事需要什么，以及你自身实力。如果你没有坚持到底，你就无法了解你必须做的一切，你也不会了解到自己除懒惰、恐惧或失败以外的其他特点。

　　另外，你也可以了解到哪些东西不管用。如果你坚持到底，但仍没有成功，那你可以评估你的工作，看看是哪儿出错了。这样，你以后就可以避免犯同样的错误。结果，你可以在未来取得更大的成功。将生活视为一系列你可以用来实现未来提升的课程吧！

　　将你的努力视为对知识的追求可以使挑战看起来没那么可怕。因为你仍然获得了知识，这能帮助你消除对失败的恐惧。进而当你面对挑战时，你不会轻易放弃，因为你想学习如何应对挑战。

你想了解当你试图克服挑战时会发生什么。如果你不坚持到底，你就不会获得任何知识，所以你必须拥有这种思维模式，从而更无所畏惧地克服挑战。

运用这种思维模式的一种方法是问自己，"我能从中学到什么"。这孕育了你对知识的渴望，这种渴望比任何其他思维模式都更能激发你的无穷动力。你会感到好奇，想看看终点是什么样子。你想通过努力获得相应的经验，而为了实现这个目标，你需要坚持到底。

思维模式 4：缓解压力

压力会影响你的意志力和自制力。你可能没有意识到这个问题，但请想一想，如果你倍感压力或焦虑，那你能做的是不是会很少？如果你同时又感到很疲劳，那情况就会更糟。你的工作精神比你想象的要脆弱，这就是保护工作精神和舒缓压力很重要的原因所在。

澳大利亚的一项研究表明，承受考试压力的

学生忽视了健康的习惯，如保持适当的饮食、充足的睡眠和锻炼。这些学生吸的烟、摄入的咖啡因也更多，他们难以控制自己的情绪，对家庭琐事、自我照顾习惯、承诺和支出的关注也更少。

得出以下结论很容易：如果你不能照顾好自己的精神健康，你的自律性和意志力就会迅速恶化。通过在生活中引入减压习惯可以预防这种情况的发生。你每天至少需要花 30 分钟来放松，例如与朋友会面、读一本书、听音乐、冥想、运动、拥抱、在树林里散步。这其中无论哪一项都能让你放松，使你的大脑得到休息。

重要的是，要在你能够全面意识到你的情感（这个心理学名词用来描述你感受到的情绪和性情）时放松。

为什么呢？因为消极情感是自我控制失败的最重要诱因之一。例如，抑郁者渴望能带来即时满足以及能拖延或避免任何努力活动的特定事物。因此，情绪上的困扰会使人们的行为向寻求即时情绪改善转变，这会诱导他们做出糟糕的决定。如果没有有意识的知识，那么当你认识到投射偏见（Projection Bias）每天都会出现时，情况甚至会变得更糟。

投射偏见是指人们错误地将当前的感受投射至未来的感受上。如果你倍感沮丧、压力和疲惫，你会想象自己在下一次想要坚持到底并完成某件事时会有同样的感觉。当然，前后两次感觉之间并没有相关性和密切联系，但人们通常看不到这一点。

例如，人们在不饿时会谴责垃圾食品，但没有意识到一旦他们饿了，他们是多么需要那些美味零食。当你规划自己的饮食时，你可能很平静，并有心做出巨大改变。你也可以将投射偏见视为一种过分的热情，即认为你的当前感受代表了你对某件事的永久感受。

重点是什么？不要低估压力对你完成任务能力的影响。

要点

- 坚持到底完全是精神上的活动，这意味着谈论你试图体现的思维模式可能是个不错的主意。

- 思维模式1：这很值得。如果你觉得你的努力工作会让你有所成就，会让你觉得你和其他人一样优秀，并且会让你体会到这些感受对你总体目标的巨大影响，那么坚持执行下去就会更容易。

- 思维模式2：习惯不适。你需要做的每件事都会有令你不适的因素，除非你只想一个人看一整天电视。因此，习惯不适可以使你毫无恐惧地解决你需要解决的问题。

- 思维模式3：不坚持到底，就学不到什么。只有当你完成某件事时，你才能对自己做出评价并纠正自己的错误。这体现为一种信息收集的思维模式。

- 思维模式 4：压力和焦虑的有害性怎么强调都不为过，甚至心情不好对你保持工作效率和坚持到底也很有害。要意识到这一点并采取积极措施来缓解你的压力。

| 第 5 章 |

击碎拖延症的科学

Finish What You Start

拖延症是人们在坚持到底的过程中面临的一个巨大障碍。要怎样做才能有效处理这个问题呢?

　　玛德琳即将要交付一个大项目,最后期限是一周后。她知道,要满足这个最后期限,她必须每天写 15 页代码。但不知怎么,她就是没法静下心来工作。所以她把任务往后推了,计划第二天写 30 页代码来补上被拖延的进度。然后第二天,她也没写 30 页,于是她继续往后推,现在她得写45 页了。最后期限即将到来,她还几乎没写几行代码。

　　玛德琳通宵达旦地写了一段错误百出的代码。她在写这段代码时遇到了许多问题,但她没时间解决，因为她的进度远远落后了。客户拒绝接受这样的代码并且很不高兴。玛德琳被给了差评，客户再没有找过她。

米歇尔从事同类型的项目开发。与玛德琳不同，米歇尔很清楚自己可能会遇到什么样的问题。她将工作分成小的、可管理的部分，每天尽可能多写代码，并对自己每完成一部分都给予奖励。通常，她能够完成或超额完成她为自己设定的每天最少写15页代码的任务。在周末，米歇尔编译了代码，没有任何错误，于是她将代码发给了客户。客户很高兴拥有运行良好的代码，并给了米歇尔优厚的报酬。米歇尔因此获得了五星好评，而且客户很希望在以后的项目中与她再次合作。

这两位程序员的不同之处在于，米歇尔没有拖延，她成功完成了自己负责的项目。米歇尔采用的是一种被称为"诱惑捆绑"的方法，这种方法确保她不会推迟工作。因此，她有足够的时间来写代码、查找和修复错误。玛德琳没有这种前瞻性，所以她写的代码质量很差。从这儿你可以看到，拖延是如何导致紧张、沮丧和草率地工作的。

我们都知道什么是拖延症。但是，为什么人们在试图满足最后期限和交付高质量工作成果时会遇到这样一个普遍问题呢？行为心理学对此给出了一些解答。

造成这种事与愿违习惯的主要因素被称为时间不一致性，也就是说，人们看重即时满足而非长期回报。

想象你有两个自己：一个是现在的自己，一个是未来的自己。在这种情况下，他们是完全不同的两个人，有着毫无重叠的不同愿望。当你制定目标时，你就是在规划未来的自己。为未来的自己制定最佳规划很容易。你明白你未来需要什么，你想要这些，所以你要为此进行规划。研究人员发现，想象你理想中的未来很容易。

然而，只有你现在的自己才能做事。为了实现目标，你现在的自己必须采取行动。不幸的是，你现在的自己想要的是回报，他不想等待未来的结果，而是希望避免为了长期目标而工作，也就是说，他倾向于能获得即时奖励的任务。例如，你想完成一个大项目来赚钱，但你真的想小睡一会儿。你会选择小睡而不是工作，因为这是对你现在的自己的即时奖励。与此同时，你正在通过小睡而不是工作来伤害你未来的自己。

你未来的自己想要实现的目标是在当前工作完成后的某个未来时间赚到钱，而你现在的自己想要的却是可立马获得的回报，这反过来会损害你未来的自己获得长期回报的机会。

应对时间不一致性的最佳方法是将未来的长期回报更有效地转移到现在。这样，你现在的自己看到了好处，并希望将长期计划坚持下去。等待未来的回报往往不足以激励你现在的自己，因为你现在的自己不想等待。

诱惑捆绑

诱惑捆绑是一种非常好、非常有效的方法，它通过结合现在的自己和未来的自己以及两者之间相互冲突的需求来消除拖延，提高生产力。

为了避免现在的自己忽视未来的自己，这

种方法引入了上述概念和减少诱惑的手段。宾夕法尼亚大学行为学教授凯蒂·米尔克曼（Katy Milkman）指出，通过使未来的奖励更直接，诱惑捆绑融合了未来的自我需求和现在的自我需求。你给了现在的自己以即时的满足感，同时也实现了对未来的自己有益的长期目标。

这比听起来的要简单。

基本上，你会形成一种积极但难以理解的行为或习惯，这种行为或习惯使你目前和长期的感觉都很良好。想想在锻炼时吃奶油夹心蛋糕，在看电视时锻炼，或者在用盐浴泡脚时工作，这些都是使你在当前时刻感觉良好的方法。

没有必要为了未来的自己而在当下受苦去做某件事，如果你真的感觉受苦了，那你会失去所有的动力，并患上拖延症。因此，想办法将诱惑你的东西与你的长期目标捆绑在一起。换言之，将你的职责与即时奖励相搭配。

米尔克曼在她的研究中发现，有高达51%的参与者愿意在诱惑捆绑下进行锻炼。这是纠正拖延习惯的有效方法。你应列出一个包含两列的清单，一列是使你负疚的快乐之物或诱惑之物，另一列是你需要为未来的自己做的事情。然后，创造性地将两列相冲突的事情和谐地联系在一起。

比如，你喜欢巧克力、冲浪、足球和跑步。但工作、家务和钢琴课占用了你的时间。你要如何将这些因素结合起来，让不那么愉悦的事情变得更可忍受呢？

小而容易完成的增量

缓解拖延症的另一种方法是从小而容易完成的增量开始。事实上，你需要将任务分解成较小的组成部分。这会使你的第一步看起来非常容易，而迈出第一步是缓解拖延症最难的部分。

可将拖延视为是你必须翻越的一堵巨大的墙。如果你收集了足够多的小鹅卵石和岩石，那你最终可以为自己砌一个足够高的台阶，这样你只需简单地迈迈腿就能过去。当然，你也可以通过收集躯干大小的巨石来获得同样的结果，但这条路更为艰难。

确保你起步的门槛非常低。例如，一开始你甚至可以完成一项任务的 95%，然后将剩下的 5% 作为后续的开始任务，于是你可以轻松地回归常态。这样做可以打破惰性，使你获得前进的动力。你可以通过既有工作和创造新的工作（可在以后处理项目中更困难的部分时建立起来）来获得动力。

小而容易完成的增量涉及两个关键。首先，将任务分解为更小、更易于管理的部分。不要把你的任务看作一块你必须马上完成的巨石。相反，应将其视为从 A 点到 B 点需采取的一系列步骤。当事情忽然变得更容易、更可行时，你会为此感谢你自己。这方面的一个例子是，将你面前的写作项目看作是由一系列段落构成的，而每个段落只有 100 个单词。

也许你必须写 100 页，但请不要这样看，而是应将其视为用许多简短的段落来迈小步。当你完成了足够多的段落之后，100 页就是水到渠成的事儿了。小任务会很快积累，尤其是在你没有拖延的时候。因此，要创造一些微小的、令人精神愉悦的步骤，然后你可以利用这些步骤来建立一些不朽的东西，并实现你的最终目标。毕竟，一本书是由单词组成的。

其次，先从最简单的任务开始。这似乎有违直觉。为什么要将较难的部分留待以后处理呢？记住，拖延与第一步是否尽可能简单有关。实际上，你是在鼓励你自己并向你自己证明，对你在待办事项清单中勾选的每一项简单任务来说，该任务更有可能完成。当你要着手处理更难的任务时，你会觉得克服困难并完成那些任务更容易了，因为前面你已经做了大量工作。

惰性是在你休息时产生的一种强制力，而动能则是推动你不断前进、完成一切的动力。你的任务是打破惰性，获得动力。小而容易完成的增量可以实现这一点，因为除此以外没有其他东西能让你更快地完成整个任务。

回到写作的例子，考虑如何完成概要和研究笔记等简单的部分。首先完成花精力最少的部分。然后，完成简单但占用时间很多（虽然不难）的大部分工作。最后，将最难的 5% 留到你有动力时再做。这样，你就不会有很强的挫败感，也不会感到不知所措。因此，你不会认为这项写作任务是一项使你现在的自己倍感压力的巨大牺牲。你会完成这项任务，而不会觉得是在受苦，这会给你现在的自己带来快乐。

考虑风险

最后一个策略是考虑可能出现的问题。比尔·盖茨等非常成功和富有成效的人士都对可能出现的问题保持了高度警惕。吉姆·柯林斯（Jim Collins）在其著作《选择卓越》（*Great By Choice*）中探讨了这一策略。他提到这是一种建设性的焦虑与不安，并讨论了像比尔·盖茨这样的人士是如何保持对可能出现的问题的焦虑与不安的。这些人总是在为最坏情况做准备，并试图避免这些情况的发生，实际上他们最终还是在非常努力地工作。为了避免最坏的情况，他们始终专注于他们的项目。结果，恐惧激励了他们，使他们避免了拖延。

当你变得焦虑与不安并开始质疑可能出现的问题时,考虑制订应急计划并努力避免某些挑战或问题。思考可能出现的问题可以让你努力避免事情出错。结果,正是因为你此刻的恐惧和高度警觉,你会变得更富有成效。

一定要问问自己,如果此刻你拖延采取行动,你可能会失去什么。机会可能会留给更积极主动的人。因为很多事情都是有时效性的,如果拖延的话,那你的机会甚至可能会消失。想想这对你取得成功会是多么大的灾难。对失败的恐惧会激励你。当然,恐惧不是令人愉悦的动力。但如果它有效,那为什么不加以利用呢?知道自己处于某种危险中,会让你超速运转。拖延源于无聊、自满和安全感,因此剥离这些感觉会让你变得焦虑与不安,并渴望避免糟糕的后果。

当然,恐惧并不是一种使人快乐的激励因素,所以只有在少数安全的情况下才采取这种策略。用得太多太频繁会使你筋疲力尽,把你逼疯。众所周知,压力会损害你的工作精神。一般情况下要避免压力,只有在你开始感到强烈的拖延诱惑时才采取这种策略。

　　在我们的开场例子中，玛德琳可以利用恐惧来帮助她发现可能的错误，从而激励自己每天都写代码。因为恐惧，她会在日程安排中留出足够的回旋余地，以便能正确编译代码，并确保代码编写中没有错误。她会预料到可能出现的错误，并且为了给自己留出时间来发现和修复这些错误，她每天都会工作。

要点

- 对付拖延症类似于西西弗斯推石头。你可以稍微击退它，但很自然的是你永远不能完全摆脱它。这个问题的特点是时间不一致性，我们是由两个没有重叠欲望的自己组成的，一个自己想要未来的满足，而另一个自己想要现在的满足。

- 诱惑捆绑是对付拖延症的有效方法。它包括将你感觉不适的任务与令你愉悦的事情结合起来。这主要是因为你在与时间不一致性抗争，在同时给予你的两个自己各自想要的东西。

- 从小而容易完成的事情开始。拖延症容易滋生惰性。因此，你需要使行动路径尽可能简单。最终，你获得的会是动能，而不是惰性。

- 有时候，战胜拖延症需要经受挫折。恐惧和建设性的焦虑与不安会对你产生影响——如果你很害怕你将面临的消极影响，那你肯定会被激励采取行动。不过，这种方法并不常用。

——｜第 6 章｜——

消除分心之物

Finish What You Start

本章将给你强有力的鼓励。它从头到尾都在讲述确保你立即行动起来的强大技巧。事不宜迟，让我们开始吧。

将分心之物减至最少

我们常常认为，分心之物可能是我们在自律方面的朋友。如果意志力有限，那我们就认为最好是休息一下、恢复精力并分散自己对欲望和诱惑之物的注意力。

斯坦福大学商学院营销学教授巴巴·希夫（Baba Shiv）进行了一项研究，该研究说明了分心之物是如何影响我们的。希夫通过让一组参与者记下一个电话号码来分散他们的注意力，然后让所有参与者选择巧克力蛋糕或水果。结果发现，那些试图记住电话号码的人比那些没有这样做的人选择蛋糕的概率高出 50%。（那些注意力不足的参与者会更容易在巧克力蛋糕这种不健康的食品面前放纵。）该研究得出的结论是，专注是自律的重要构成要素。

如果你经常分心，你会屈服于诱惑之物，甚至都不会给自己锻炼意志力的机会。你只是没有想到，尽管你有良好的初衷，但你还是选择了阻力最小的道路。分心之物会不知不觉地侵蚀我们的自律性。这个过程可能是悄悄进行的，我们甚至都没有意识到我们在一点一点丧失自律性，等到察觉时已经为时已晚，我们过去的所有努力都会因此付诸东流。

超市里的收银台设计是利用分神的大脑和枯竭的意志力的最佳案例。从超市货架上挑选商品的每一步，你都可以做出明智的决定。但在结账离开时，收银台上摆放的糖果、巧克力和零食等最后还是使你分心了，受诱惑了，你一般会从中挑选几样。这通常是最难自律的时候，因为你离出口太近了，来不及提前细想，而且这些东西很便宜，可以不假思索地立即购买。

你该如何利用这类知识呢？如果你的工作环境杂乱无章，那就把它收拾得井井有条。一张干净整洁的办公桌有助于保持大脑的清晰，而清晰的大脑更有利于保持自律。康奈尔大学的一项研究提供了一些令人信服的证据，这些证据支持将"眼不见，心不烦"这一概念作为改善自律性的一种手段，它的适用范围远远超出了你的办公桌。

该研究给每名参与者都提供了一个装满好时巧克力的罐子，这些罐子要么透明，要么不透明，要么放在桌子上，要么离参与者 6 英尺 ① 远。平均而言，参与者每天吃掉桌上透明罐子里的 7.7 颗巧克力，吃掉同一地点不透明罐子里的 4.6 颗巧克力。当罐子放在 6 英尺远的地方时，参与者每天吃掉透明罐子里的 5.6 颗巧克力，不透明罐子里的 3.1 颗巧克力。

令人颇感意外的是，研究对象一直报告说，当罐子放在 6 英尺远的地方时，他们吃掉的巧克力更多，虽然事实刚好与此相反。这种差异透露

---

① 1 英尺 =0.3048 米。

出一个重要信息，它为改善自律性提供了一个简单的指引。也就是说，你可以利用惰性来消除工作场所中的分心之物的影响。你可能不会完全忘记那些分心之物，但你屈服于诱惑所需付出的努力越多，你就越不可能这样做。此外，它还消除了一些最适得其反的自律性失误——我们甚至都没有意识到自己在犯的那些愚蠢的错误。

如果很容易就能看见并够到饼干盒，那么把手伸进饼干盒就更容易了。这些都是在设计自律环境时要避免的场景类型。如果你把饼干盒放在远处的储藏柜里，虽然你并没有完全消除诱惑，但这使得你屈服于这种诱惑需要付出的努力更多。这有很大的不同。

从根本上说，你想为自己创造一个没有分心之物和明显诱惑之物的环境。未经优化的环境可能会导致你在自律性方面轻易犯下愚蠢的错误，通过消除这些错误，你可以使自律变得非常简单。这适用于你的办公桌、工作间、办公室环境以及你可以从办公桌位置看到的东西，甚至还包括你的电脑桌面。尽可能消除这些环境中的分心之物，你就会忘记它们。这样，在你出现自律失误或感到无聊时，除了继续工作，你别无选择。

将积极行动和行为设为默认选项

实际上，优化自律环境归结为了解大多数决策是如何自动做出的。

为了说明这一点，我们来看看 11 个欧洲国家针对器官捐献者进行的研究所得到的结果。数据显示，使公民选择自动成为器官捐献者（退出需要申请）的国家，其参与捐献器官的比率达到或超过 95%。然而，当默认选项不是成为器官捐献者时，11 个国家中的最高参与率仅为 27%。最终，人们选择了所需努力最少的选项。该研究没有提及人们成为器官捐献者的实际意图或愿望。

这种默认为更可取选项的理念同样适用于你的自律。我们很懒，会欣然接受眼前的一切。你可能很容易地就选择对自己最有利的选项，同时又使得做出有害决定尽可能地难。

默认选项是决策者在什么都不做或做出最少努

力时选择的选项。在其他情况下，默认选项还包括规范性或建议性选项。无数实验和观察研究表明，将一个选项设置为默认选项会增加其被选中的可能性，这就是所谓的"默认效应"。做决定需要精力，所以我们通常会选择默认选项来节省精力并避免做决定，尤其是当我们不清楚自己在做什么决定时。

优化这些默认决策是你为创造一个更有利于自律的环境所做的大部分努力的着力点。你可能认为，你控制了自己的大部分选择，但事实并非如此；相反，你的大多数行为仅仅是对环境的反应而已。

例如，如果社交媒体分散了你的注意力，那么你可以将其应用程序图标移到手机的最后一页，这样你就不会在打开手机做其他事情时经常看到它们。更好的做法是，你可以在每次使用后注销这些应用程序，或者将它们从手机中完全删除，这样你只有在真正想用的时候才会打开它们，而不是被它们分心。

如果你习惯于在工作时无意识地拿起手机，你可以简单地将手机面朝下并放置在足够远的地方，以至于你必须起身才能够到。如果你想多练习小提琴，那就将它和打开的乐谱一起放在桌子上。如果你想用牙线清洁牙齿，那就将它放在背包里、浴室中以及床头柜和沙发上。

似乎有无数的例子可以说明你如何利用默认效应并在很少运用意志力的情况下变得更加自律。再比如，把薯片和饼干放在厨房柜台上会使你的默认选择是：每当你走到厨房时，即使只有一点点饿，你也会去吃这些东西。将这些不健康的零食藏起来（或者根本不买）并用水果来替代，会立刻增加你吃水果的可能性，这样你也会避免吃不健康的食物。想多运动吗？那就在浴室门口放一个单杠吧。

如果你把含糖的苏打水和果汁放在冰箱里，那你的默认选项就是：在口渴和打开冰箱时饮用它们。但如果你没有这些选项，你就会增加喝水或泡茶的可能性。想补充维生素吗？那就把它们放在牙刷旁边，方便取用。

如果你整天坐在办公室里，背部有问题，那么你可能会受益于在一天之中多站起来走动走动。你可以多喝水，这样你就不得不起身去洗手间，这是你的默认选项。或者，你可以在手机上设置闹钟，并将手机放在不能伸手够到的地方，这样，每当闹钟响时，你都必须起身去关掉它。

这一切的重点在于，你可以通过对你所处的环境做出积极改变来节省你的意志力和精力。环境变化的两个最重要方面是减少混乱和分心之物，并利用默认效应优化选择。

如果你减少了周围环境中的分心之物，你就会厘清思路，从而提高专注度、效率和生产力。此外，你还可以通过在强化自身良好习惯的同时减少对小快乐的盲目追求，从而利用多巴胺奖励系统来发挥你的优势。最后，你可以用最少的努力做出你想要并能从中受益的选择。

实际上，所有这些都使你能够避免消耗自律性，并将其保存下来以应对更大的日常挑战。毕竟，如果你能围绕意志力来做规划，那为什么在不需要时要使用意志力呢？

注意力残留

有时候，专注于工作会很难。你会发现自

己在想，为什么保持正轨和忽视诱惑之物这么难啊？幸运的是，这是有原因的。2009 年，华盛顿大学组织行为学教授索菲·勒罗伊（Sophie Leroy）发表了一篇题目很贴切的文章《为什么专注于我的工作这么难》。在文中，她解释了一种她称之为"注意力残留"的效应。

勒罗伊指出，其他研究人员研究了多任务处理对工作表现的影响，但在现代工作环境中，一旦你达到足够高的层次，人们更常见的是轮换着处理多个项目。勒罗伊解释道："从一个会议到下一个会议，从一个项目开始，然后很快转到另一个项目，这些正是组织生活的一部分。"

这本质上是现代版的多任务处理，在短时间内处理多个项目，并在这些项目之间切换，但不一定是同时完成所有任务。实际上，人们可能不会同时处理多项任务，但在它们之间保持相对快速的连续切换几乎同样糟糕。无论出于何种目的，这都是多任务处理。

这项研究发现，你无法在没有延迟的情况下无缝切换任务。当你从任务 A 切换到任务 B 时，你的注意力不会立即跟上——残留的注意力仍会停留在上一个任务上。如果你在切换之前，任务A的工作是无界的且强度较低，那情况会变得更糟，残留注意力会变得特别"集中"，而且即使你在切换之前已经完成了任务A，你的注意力也仍会分散一段时间。

勒罗伊的测试要求人们在实验室环境中切换不同的任务。在其中一项实验中，她让参与者开始琢磨一组字谜。在另一项实验中，她会打断参与者的工作，要求他们转向一项新的、具有挑战性的任务，例如阅读简历并做出模拟招聘决定。在其他实验中，勒罗伊会让参与者先完成谜题，然后再给他们布置下一个任务。

当参与者在猜字谜和模拟招聘之间切换时，勒罗伊会玩一种快速的词汇判断游戏。这样她就可以对前一项任务中残留的注意力进行量化。结果很明显：在切换任务后，注意力残留的人很可能在下一项任务中表现不佳。而且残留越多，表现越糟糕。

当你思索这一点时，问题似乎不太大。我们

都经历过那种同时做许多事情但突然发现自己根本一件也做不了的抓狂时刻。如果你在两件或更多不同的事情之间来回切换,你怎么可能对所有任务都保持专注?你很可能会被困在试图弄清楚一切并将它们组织起来,以便你能理解的状况中。这只会迫使你浪费时间去追赶你的任务,而不是向前推进。每次尝试都会是向前迈出一步,但后退两步。

研究多任务者工作模式的斯坦福大学研究员克利福德·纳斯(Clifford Nass)得出了更糟的结论。研究人员将参与者分成了两组:一组是经常做大量媒体多任务处理的人,另一组则是不经常做媒体多任务处理的人。在其中一个实验中,分别向这两个实验组展示两个单独的红色矩形或者被两个、四个或六个蓝色矩形包围的两个红色矩形。在这两种情况下,矩形都闪烁两次,参与者必须确定第二帧画面中的两个红色矩形是否与第一帧不同。

这似乎很简单:只需忽略蓝色矩形,看看红色矩形是否发生变化就行了。事实上,这对那些不经常同时处理多任务的人来说是很简单，没有任何困难。但是，经常同时处理多任务的人的表现却很糟糕，因为他们的注意力不断受到不相关蓝色图像的干扰。

他们无法忽视这些图像，研究人员认为他们可能更善于存储和组织信息，又或许他们的记忆力更好。但第二项测试表明，这种认知是错误的。在显示字母序列后，经常同时处理多任务的人仍很难记住某个字母在什么时候重复出现过。同样，不经常同时处理多任务的人总体表现更好。就这么简单。

奥菲尔说："不经常同时处理多任务的人做得很好。相反，实验越往下进行，经常同时处理多任务的人的表现越糟糕，因为他们不断地看到有更多的字母出现，并很难在大脑中对它们进行排序。"

多任务处理看似是两全其美的，但当你面临外界或记忆中的多个信息来源时，你无法过滤掉与当前目标无关的信息。这种过滤失败意味着不相关信息会拖慢你的速度，并且你要努力在不分心的情况下完成任务。相比于一次做几件事、使你的大脑承受过多的信息，不受分心之物干扰一次只专注于一件事要容易得多。

很显然，这两项实验都表明，多任务处理对任何事情都没有好处，所有尝试多任务处理的行为都不会带来任何积极的结果。多任务处理既不能使你充分关注每项新任务，也无法使你忽视任何妨碍你工作的分心之物。可能有些方法能使你更有效地处理 1% 的多任务，但总体来看的教训是应尽可能避免多任务处理。

单任务处理意味着什么呢？

把所有其他事情都放在一边，不要查看、监控、收发电子邮件，甚至不要去触碰你正在处理的当前任务以外的任何事情。这需要高度的专注，并有目的、有意识地回避其他事情，如关闭消息通知并远离手机。如果你必须用电脑工作，一次也只打开一个浏览器选项卡或应用程序。许多的单任务处理都与有意识地避免那些看起来很小、很无害的分心之物有关。最大的罪魁祸首是什么？就是你的电子设备。应尽可能地无视它们。

保持工作空间的干净整洁，这样就不会有需要清洁或调整的东西使你分心。在理想情况下，单任务处理会使你的环境简化为一个空白房间，因为房间中的任何东西都不是你应该关注的。

尝试关注你在什么时候会被打断或者什么时候会在任务之间进行微妙切换。这一点最初很难理解，需要你做出违背自身直觉的有意识决定。

很难抗拒的一件事是告诉自己：你必须立即采取行动，中断任务，但事实上很少会是这样。为了克服这种冲动，用便利贴记下关于其他任务不可避免的想法。只需快速记下它们，然后回到你的主要目标。你可以在你的单任务处理期结束后来处理所记下的事情，你不会有任何遗漏。这样既可以使你将注意力集中在一项任务上，同时又能使你为未来的成功做好准备。

批处理

福特汽车公司创始人亨利·福特（Henry

Ford）做了很多与汽车有关的事情。

他当时有几个竞争对手，但随着时间的流逝，这些对手基本上都销声匿迹了，其中一个主要原因是福特创建了工厂装配线。在工厂流水线上，工人们一次只专注于一项任务。

这简化了流程，并使得它比让一名工人从头到尾查看项目、在多个任务之间切换更高效。它允许工人专攻各自的任务并将其进行完善，而这可以减少错误，简化故障排除。除了手头的任务，工人们不必做更多的思考。对福特来说，这使得他的汽车生产效率和产量都突破了极限，从而主导了市场。

从本质上讲，这就是批处理能为你做的事情。

批处理是指将类似任务分在一组，一次完成所有任务。福特的装配线基本上是百分之百的批处理生产，因为它的工人只需完成一项任务，效率极高。

让我们举个与人人都相关的常见例子——查看电子邮件。

如果你保持某种在线状态（如在线工作），那你可能每小时都会源源不断地收到大量电子邮件。经常查看电子邮件这种做法对时间的利用极其低效。每当你收到新邮件时，它都会干扰其他任务，并分散你的注意力。这时，我们中的许多人都会放下手头正在做的事情，去处理电子邮件。然后，我们又必须重新开始最初的任务，因为我们的连贯性和动能被打断了。

对电子邮件进行批处理将大大提高你的工作效率。例如，每两个小时查看一次，而且只查看位于顶部的电子邮件，并有意忽略或阻止收件箱通知。一开始这可能很难，但用这种方式来限制你查看电子邮件的频率可以使你专注于你的任务，而不必经常分心，也不必使自己重新适应工作环境。

也许更重要的是，这种方式告诉了我们：对某些任务说"不"与对正确任务说"是"同样重要。批处理教你有目的、有意识地忽视之道，这样你就可以专注于其他任务了。

在不同任务之间切换是一种巨大的精神负担，因为基本上你在一天当中要经历无数次的中断和从零开始。任务切换需要消耗大量精力，且通常会要浪费少量时间重新寻找方向和正在执行的任务的状态。当然，这些类型的中断只会实现你能够和想要实现的一部分。

在查看电子邮件的例子中，批处理能使你在保持阅读和撰写电子邮件这种思维模式的同时兼顾所有相关技能、任务和提醒事项。与为广告活动设计一个新图表相比，电子邮件是一种截然不同的思维模式和思考方式。保持相同的思维模式能带来巨大好处。

批处理可以使你为任务节省精力，而不是在来回切换不同任务的过程中浪费精力。

你还可以在哪些方面利用批处理呢？例如，你可以安排一个下午开完所有的会议，这样你就可以拥有一个自由、不受打扰的上午来工作。你可以计划在这个上午处理所有需要用到电脑的事务，甚至可以批量完成一些任务，比如需电话沟通的事项。

你也可以对分心之物进行批处理。这样做并不是为了更有效地分散注意力和娱乐自己，而是为了确保你节约精力，将注意力集中的时间花在的确需要集中注意力处理的对象上。

你要如何对分心之物进行批处理呢？例如，如果某项特殊任务让你筋疲力尽，你可能想通过社交媒体来放松一下。不管怎样，接受它！无论用什么方法，都只不过是多花点时间来查看你的所有账号（例如 ESPN、Refinery29）和处理让你分心的任何其他事情。端上一杯新泡的咖啡，在办公室里快步走，向邻桌的同事问好也同样可行。

把所有这些都从你的工作系统中抽离出来，这样当你回到工作岗位时，你就可以有段固定的时间集中精力工作。毕竟，如果你的脸书主页上没什么新内容，你可能会觉得没太多必要去查看它。一旦你在分配的时间内完成了所有这些分散注意力的活动，那你就可以在剩下的时间里高效工作。

在不同活动间切换分配的注意力越多，工作效率就越低。然而，如果你开始做的事情与前一项活动类似，你会发现做起来要容易得多，因为你的大脑已经为完成这种任务做好了准备。将所有类似的任务放在一起来完成，一个接一个，然后继续下一批类似或相关的活动。无论环境如何，有效的批处理都可以提高生产力。

"不要做"清单

每个人都知道待办事项清单的价值——无疑，你可能在其他地方偶然发现过利用待办事项清单提高生产力的建议。

人们天生就知道自己应该做什么，什么时候需要做。把这个清单写下来只是为了提醒自己，使自己更有可能履行应尽的义务。

然而，并不是人人都知道自己不应该做什么——应该避免什么，如常见的拖延方式、伪装成优先事项的分心之物等。与待办事项清单一样，制定一份"不要做"清单同样重要。我们每天都面临着选择对我们产生最大影响的任务，而且这其中隐藏着很多障碍。

同样，我们都知道在努力提高生产力时要

避免明显有害的行为，如浏览社交媒体、在互联网上闲逛、一边工作一边看《单身汉》（*The Bachelorette*）、一边阅读一边学习演奏长笛。

区分真正的任务和无用的任务可能很困难，需要你认真思考。

你需要在你的"不要做"清单上写下那些会悄悄占用你的时间并破坏你实现目标的任务。这些任务毫无意义或者使你的时间利用率不高，对你的最终受益没有帮助，而且这些任务你做得越多，回报就越会严重下滑。

如果你在这些任务上持续投入和浪费时间，那你真正优先的事项和目标就会毫无进展。以下是你应该列入"不要做"清单的事项。

首先，列入那些虽然具有优先性，但由于受外部环境影响，你目前无能为力的任务。

虽然这些任务在一个或多个方面都很重要，但它们正在等待其他方面的反馈或基础性任务的先期完成。将这些任务列入你的"不要做"清单上，因为你真的无能为力！

不要花精力思考这些任务。即使你收到了别

人的回复，它们也仍然在"不要做"清单上。请注意，你在等待别人的回复，如果你没有得到回复，请记下你需要跟进的日期。然后把这些从你的脑海中挤出去，因为它们在别人的待办事项清单上，而不是你的。你也可以通过澄清和询问别人问题，暂时把事情推到一边。这会逼对方采取行动，而你可以花时间去处理其他事情。

其次，列入那些对项目没有价值的任务。

有很多小项目并不会使你最终获益更多，它们往往只是些加重你工作繁忙程度的琐事。你能把这些任务委派给别人，甚至外包吗？它们真的需要你来做吗？或者说，它们值得你花时间吗？如果你将任务委托给其他人，那除你之外会有人注意到有什么不同吗？选择自己来承担任务，你是否陷入了完美主义的泥潭呢？你应该把时间花在推动整个项目向前发展的大任务而不是缺乏远见的、琐碎的任务上。这些任务通常都是伪装成重要任务的无用任务，例如为建设中的核电站停车场的单车棚选择油漆颜色。

第三，列入当前正在进行但并不会从额外的

工作或关注中受益的任务。

这些任务的回报是递减的。它们只是在浪费精力，因为尽管仍然可以对它们进行改进，（还有什么不能改进的吗？）但可能的改进量要么不会对整体结果或成功产生影响，要么需要花费大量的时间和精力，却又不会产生重大影响。

不管出于什么意图和目的，都应将这些任务视为已完成。不要在这些任务上面浪费时间，也不要陷入将它们视为优先事项的陷阱。一旦你完成待办事项清单上的所有其他事情，你就可以估计一下你想花多少时间来推敲某些东西。

如果完成任务的质量水平达到了你需要的90%，那么这时候应该回过头去看看，你需要额外付出哪些努力才能将质量水平从0%提高至90%。换句话说，以80%的质量水平完成三项任务比以100%的质量水平完成一项任务要有益得多。

当你有意识地避开不该做的事情时，你会保持专注和简单。你不会浪费精力或时间，因此你每天的产出会大幅增加。

为什么要去看一份点不了菜的菜单？这毫无意义，而且浪费了你的脑力。通过防止你的精力被那些耗费你时间和注意力的事情消耗掉，一份"不要做"清单可使你专注于重要的事情。

这会对你的日常生活产生巨大的积极影响。让你头疼的事情越少越好——它们带来的压力和焦虑只会阻碍或扼杀你的生产力。一份"不要做"清单会让你的大脑从有太多事情要做的负担中解脱出来，因为它清除了大部分这些事情！这样，你可以专注于待办事项清单中的任务，并稳定地完成其中的每一项。

40-70 规则

除非我们掌握了所需的所有相关信息，否则我们中的许多人都不愿意走出自己的舒适区去采取行动。但你真的能掌握足够多的信息，以便开始新任务吗？

美国前国务卿科林·鲍威尔（Colin Powell）具有丰富的决策和行动经验。他说，在面临任何艰难抉择的时候，你都应该掌握不少于40%、不超过70%的信息来做决定。在这个范围内，你拥有的是做出明智选择所需的足够信息，而不是使你失去决心、仅供你随时了解情况的大量情报。

如果你掌握的信息不到所需信息的40%，那你基本上是在贸然行动。你不太清楚要如何前进，并可能会犯很多错误。相反，如果你追求更多的信息，直到你掌握的信息超过了所需信息的70%（你不太可能真的需要高于这个比例的任何信息），那你可能会感到不知所措和不确定。这样，机会可能已经和你擦肩而过，而其他人也可能已经开始击败你了。

但在40%～70%之间的最佳状态下，你既掌握了使你继续下去的足够信息，又能让你的直觉引导你做出决定。考虑到科林·鲍威尔的背景，40-70规则就是有效领导者的法则，那些拥有指明正确方向直觉的人将带领其组织走向成功。

为了走出舒适区，我们可以用其他激励因素取代"信息"一词，如40%～70%的经验、40%～70%的阅读或学习、40%～70%的信心或 40% ~ 70% 的计划。在完成任务的同时，我们可能还会进行动态分析和规划，这一范围内的确定性有助于我们采取行动。

当你试图获得超过 70% 的信息（或信心、经验等）时，你的反应迟缓会导致许多消极后果。同时，这也会破坏你的动能或抑制你的兴趣，实际上意味着什么都不会发生。超过这一阈值很可能使你一无所获。

例如，假设你开了一家鸡尾酒酒吧，该酒吧需要购买许多不同类型的酒。一方面，当你准备开门营业时，你不可能期待把你需要的所有酒都准备好了。但另一方面，如果没有足够的酒供客户选择，酒吧开门营业便毫无意义。

因此，你应该至少准备 40% 的可用库存。这样，你的势头就有了。你想，如果你能准备好所需酒品的一半以上，你就会处在一个非常好的开门营业状态。虽然按照调酒师指南，你可能无法完全制作所有酒品，但你手头上有足够的东西，可以通过一些变化来覆盖主要酒品。如果你有约 50% ~ 60% 的库存，那你可能已经准备好了。当剩余库存得到满足时，你就已经在行动了，并能将新的库存纳入你的酒品供应中。而等到你拥有70%甚至更多库存时，你会发现自己陷入空转的时间比预想的要长。

这种思维方式会导致更多的行动。等到你拥有所需信息的 40% 再行动并不是说你在自己的舒适区内久坐不动——实际上，你在积极规划你需要为走出舒适区做些什么，这很好（只要不是过度规划）。在你完全准备好（或甚至做好一半准备）之前采取行动是种勇敢的举动，它会使你很快摆脱对脱离舒适区的满不在乎。

什么都不做

精疲力尽是种非常现实的风险（尤其是在当今这个人人想要出人头地的时代），似乎每个人都有一份全职工作和一份以赚钱为目的的副业。无论是工作还是社交，我们都有意把我们的日子安排得满满当当，从而将我们生活中的最后一点乐趣都挤没了。

具有讽刺意味的是，这么做很快就会适得其反，因为没有人身上装了永动机。对你的大脑而言，这意味着任何一丝疲劳都会影响你的思维清晰度。从我们自己的生活经历中，我们应该很清楚这一点。与 3 小时睡眠相比，8 小时睡眠能让我们的做事效率更高。

然而，不那么明显的是，断开一切联系、什么都不做实际上可以成为一条增强创造力和洞察力的途径。这是有原因的，当我们在健身房或淋浴间时，我们似乎有非常多的顿悟。一方面，思维本身会令人疲劳并产生精神负担，这时大脑会释放出 β 波。另一方面，当人处于放松和漫不经心的状态下时，大脑会释放出 α 波。

α 波还与什么有关呢？弗拉维奥·弗罗利希（Flavio Frohlich）教授的研究表明，α 波与增强记忆力、创造性思维和总体幸福感有关。

也许这就是冥想和正念练习最近很流行的原因。这些练习使你有意识地慢下来，让你进入释放 α 波的状态，这会引发你的幸福感和提升生活满意度。世界上大多数顶尖执行者（如首席执行官）总是把冥想作为其日常生活的重要组成部分，原因很可能就在于此。这种对事物进行调节的能力使他们像一节在中午充满了电的电池，关键时刻总能有最佳表现。

对于那些表现优异的人来说，不一定只是为了释放一些 α 波去休息。不要把这当作休息，而是应将其视为恢复精力，这样你就可以在真正需要创造性思维时做好准备。

如果我们要参加体育比赛，我们本能地知道要睡觉、拉伸和热身，但我们却忽视了对我们的大脑做同样的事情。当你更多地放松、什么都不做时，你就进入了一种让你的思维发散的状态，你也会重新恢复精气神。

允许自己做白日梦，你上一次做的白日梦是无聊的、例行公事般的还是富有创意的、奇特的呢？如果你需要休息，请克制拿起手机浏览社交媒体的冲动。只是盯着空旷处看就可能会更好地利用你的时间！

要
点

- 尽量减少环境中的分心之物。事实证明，眼不见，心不烦。所以不要让任何刺激性的东西靠近你的工作区，否则你的意志力会慢慢耗尽。

- 尽可能建立默认行动。这是你最容易走、所遇阻力最小同时也是你最希望走的路。这也是通过管理和设计你的生产力环境来实现的。

- 单任务处理的概念很重要，因为它明确证明了多任务处理的缺陷。从一项任务切换到另一项任务会使你产生注意力残留，这意味着即使你对这种切换已经是轻车熟路了，也仍需要一段时间才能适应每项新任务。为了充分利用你的大脑效率，你可以通过单任务处理或批处理（即将所有类似类型的任务放在一起完成）来消除这种现象。

- "不要做"清单和待办事项清单一样重要，因为我们很少被告知要忽略什么。结果，那些分心之物或狡猾的消耗时间之物会侵入我们的空间，而我们甚至都不知道自己受蒙蔽了。例如，那些你无法向前推进、取得进展或提供帮助的任务。

- 通过掌握你所需要的信息量来对抗不作为时，运用 40-70 规则。如果你掌握的信息量不到 40%，不要行动。但如果你掌握了 70% 的信息量，你就必须行动。你永远不可能掌握所有信息量，无论如何，70% 的信息量足够了——剩下的你需要在执行中了解。

- 最后，你可能时不时地想什么也不做。虽然这是休息和放松，但你应将其视为恢复精力。运动员在比赛之间会做什么？你明白的——他们养精蓄锐，为必要时再次比赛做好了准备。

—— | 第 7 章 | ——

致命陷阱

Finish What You Start

在坚持到底的科学中，你可能会犯大量错误，而这可能会使你为进步付出代价。

以迈克尔为例。迈克尔只是个普通人，所以当他第一次在家创办自由职业咨询公司时，他在坚持到底方面犯了些错误。他相信创业会在一夜之间改变他的生活。他幻想着只要做一点点事就能挣到很多钱，就会有足够的时间陪刚出生的女儿玩耍，甚至能像阿诺德那样有时间去健身房锻炼身体。他认为没有老板会让他腾出很多时间。

几个星期过去了，迈克尔什么也没做。事实上，他的期望太极端了，既让他畏惧，又让他气馁。

这种现象称为"虚假希望综合征"（False Hope Syndrome）。迈克尔认为他能完成比别人多得多的事情。此外，迈克尔还犯了个错误，那就是他不了解自己或者说不知道自己如何才能做到最好。他试图给自己强加一个不切实际的时间表，而这恰恰不符合他的自然昼夜节律和工作偏好。

当你认为自己可以在短时间内完成待办事项清单上的所有任务并实现梦想时，就会出现"虚假希望综合征"。你向自己或客户承诺了难以做到的事，然后，当你无法兑现时，你会非常失望。实际上，这些过高的期望会对你的工作精神产生消极影响。它们会使你退缩，会使你对刚经历过的失败更加恐惧，你可能会因此陷入比刚开始时更糟的状态。

当迈克尔看到自己的生活并没有因创业而发生所期望的巨变时，他感到极度失望。他的生活没有在一夜之间发生神奇的变化，他也没有精力按照自己的规划做出改变。此外，他遵循了错误的作息时间，这使得他讨厌工作。于是，他开始在工作上落后，为了逃避他讨厌的任务而拖延。他试图在早上喝三杯咖啡的时候工作，但发现自己根本无法正常做事。

过了一段时间，迈克尔决定好好考虑一下他想做什么，以及他是如何失败的。为了更好地适应自己的生活方式，迈克尔调整了自己的作息时间，在熬夜陪伴还没形成正常睡眠周期的女儿后，他一大早就停止了工作。他找到了一次只实现少数几个目标并尽可能为自己的目标腾出时间的方法。

迈克尔的感觉一下子好了许多，工作效率也提高了。自从他进入一种更舒适、更实际的节奏后，迈克尔的生活变得更轻松了。他不再那么地不知所措和失望，因此他不再轻视工作，不再因厌恶和恐惧而推迟工作。

像迈克尔一样，我们都会犯错。但学会避免一些错误能使你比别人更进一步。如果你避免了这些常见错误，你就不会无谓地消耗促使你将事情坚持到底的自律性或意志力。

虚假希望综合征

迈克尔所患的"虚假希望综合征"是指一个人

高估了他所能做出的改变。你对自己能做的事情以及你计划对自己的生活做出改变的速度、数量和容易程度提出了不切实际的幻想。当你无法完成你期待改变的所有事情时，对未能实现你的宏伟目标的失望可能会引起强烈的反弹，导致你放弃希望。

即使你有极强的自律性和做出改变的欲望，但如果你的期望太高，也仍然会失败。要适当地规划你的期望，并弄清楚你真正期望的是什么。学会放弃不切实际的期望，并设定你可以实际获得或满足的期望。

例如，即使你过去尝试过且都失败了，但你仍可能认为自己能神奇地改变工作习惯。又如，尽管以前从未在你身上奏效过，但你仍希望借助分心之物和多任务处理来完成更多任务。对你取得成功而言，改变你的方法并认识到你无法发起太多自我改变至关重要，因为这可以防止你陷入旧习惯，使自己失望。

虚假的希望会控制你的期望。只有当你的希望符合实际时，你才能真正实现它，而这会带来自信、能力和技能。除此以外，其他任何事情都只是让你自己心碎和失败而已，往往不会有任何好的效果。不要好高骛远，但也不要将期望定得过低，否则你会变得厌烦和不感兴趣。请记住，你的目标可能与你的期望完全不同。

思虑过度

另一项错误是思虑过度。思虑过度是快乐、希望和理性的无声杀手，它会扼杀你的积极性和继续下去的欲望。思虑过度会导致你不可避免地专注于消极因素（因为它们很容易发现），你的整个世界观最终会因此而变得黑暗。

思虑过度很诱人，因为它伪装成了进步。毕竟，你是在考虑工作和做研究，是为了做出最佳决定。你认为你是在积极主动，但事实上，思虑过度会悄悄地牵制你。这是极少行动与实际行动的又一个经典例子。

你考虑了太多选项，做了太多研究，这限制了你做出执行决定的能力。你在浪费时间做研究，为那些无关紧要的事情制定规划，而不是一步步执行，消除你的惰性。

思虑过度会冻结你的决策能力。心理学家巴里·施瓦茨（Barry Schwartz）认为，"选择悖论"（Paradox of Choice）是有害的，因为它会导致分析瘫痪。他的研究表明，有更多的选择实际上会导致人们产生焦虑和避免做出长远选择。减少目前的选择有助于人们缩小范围。

想想你要去沃尔玛给办公室买台新打印机这件事。站在打印机展台前，看着广告做得很棒、功能非常多的各种型号的打印机，你发现自己不知所措，无法确定到底要选哪一款。于是，你要么在恐慌中买了你看到的第一款，要么即使需要但最后啥也没买就回去了。

你浪费了太多时间来甄选打印机，结果你甚至都没用上你获得的信息就已经懵了。你无法做出决定，在这个过程中，你的大脑接受了太多的信息，已不堪重负。这个例子很好地说明了思虑过度是如何扼杀你的执行能力的。

因此，与其思虑过度，不如将重点放在行动上。大多数行动都是可逆的，将打印机退回沃尔玛很容易。但如果你待在同一个地方不动，你就掌握不到更多信息。

此外，你也可以对自己的选择和所用标准做出限制。专注于你需要做的主要事项，找到最容易满足你需求的选择。不要沉迷于在谷歌上搜索或比较成千上万的品牌以图找到最好的产品，这是个无底洞。很有可能，90% 的人都和你的想法完全一样，几乎没有变化。那么，你到底在考虑什么呢？

如果你的任务是给办公室买台新打印机，那么先确定你办公室对打印机的需求有哪三个特点。然后去沃尔玛，买能满足所有这些需求的打印机中最便宜的。戴上眼罩，这样可以避免其他因素的干扰。这是一个限制你的信息获取及让你保持无知的典型例子。在我们不清楚哪些东西重要的情况下，思虑过度可能会悄悄出现，而当你能够清楚地表达它们时，你一下子就会感到选择很明确。

担心

担心与思虑过度密切相关，这是你在坚持到

底过程中可能犯的第三个严重错误。

担心是指你反复思考现实或想象中的问题。这会将你从你能掌控的现在拉出来，带往你掌控不了的未来或过去。

担心会偷走你的控制力和沉着冷静，但采取行动、专注于当下可以使你通过现在就把事情做好来给自己赋能。应努力将你的思维模式转向行动和解决方案，而不是问题和错误。此外，担心会让你把注意力集中在那些可能根本不真实和你无法改变的事情上，并且你会将时间和精力用来担心这些事情而非工作。

告诉别人少担心是一项艰巨的任务。但事实是，担心会让你遭受两次痛苦：一次是在担心期间，另一次是在可怕的事件真的发生时。如果它没有发生，那你就平白无故地遭受了痛苦。担心也可能伪装成生产力，但这同样只是在浪费时间。耗费很多精力却一无所获。一方面，要专注于你能掌控的事情，并采取行动。另一方面，要专注于真实的和已经发生的事情，而不是想象中的结果或可能永远不会发生的场景。做你此刻能做的事情，因为这是你能掌控的，而且，要带着行动和掌控而不是恐惧的思维模式去这样做。

了解自己

许多人犯的最后一个重大错误是不了解自己。了解自己可以让你找到最佳的工作方式，为自己创造最有利的环境。

并非每个人的工作方式都一样。甲可能喜欢有一个安排好他一天之中各个部分的详细时间表，而乙可能需要喘息的时间和自然而然的状态；丙可能需要一个她可以在其中独自工作的安静环境，而丁可能需要朋友和有社交的工作环境才能焕发出工作活力。

就像迈克尔发现的那样，不要把不切实际或不合适的时间表、理想或环境强加给自己，并期望成功。找到最适合你的东西，然后实施它，让你蓬勃发展。只有在最合适的环境中，你的工作才会最有成效。找到这个最适合的环境，而不是强迫自己去适应一些不适合自己的东西，那样反而会让你感到痛苦，并阻碍你的生产力。

当你充分利用自己的喜好和优势时，你就更有可能坚持到底，因为这时你是以在巅峰时的最佳状态工作。你不是在对抗自己，而是在按照你的流程、利用你的优势工作。你不会因为学习别人的成功经验而让自己感到痛苦。

不要因为与众不同而去评判自己和他人。我们都不一样。我们的生产力非常脆弱，需要特别小心才能蓬勃发展。如果你想坚持到底，就要用有助于你蓬勃发展的东西来奖励自己。

找出你一天当中的最佳工作时间，然后在这些时间段工作。不要去理会别人评判你在早上 8 点之前不能正常工作或工作到深夜。在你的最佳时间工作会让你更有效率，更能坚持到底，因为你充分利用了你精力最旺盛的时候。如果你不是个早起的鸟儿，那就不要试图在早上工作，因为这只会导致你失败。

另外，了解自己还要找出自己失败的原因（即找出你无法坚持到底的原因），并从根本上解决问题。只有当你确定了自己在坚持到底方面表现不佳的原因时，你才能真正采取措施。不要犯那些常见的错误，把自己的失败归咎于错误的原因，否则你永远无法解决和纠正问题。

如果你在坚持到底的过程中遇到困难，那就学学福尔摩斯吧。发挥推理的作用，推理出哪些东西是错的以及你为什么会效率低下。也许在应该安排日程表并且不应在书本上浪费时间时，你在读一本时间管理方面的书。也许在你拥有太多东西、需要去掉其中一些时，你正试图组织和标记所有的东西。也许你因为感到沮丧而拖延，并因此不断失败，同时却又总想知道为什么你的沮丧情绪越来越严重。

真的有必要考虑一下你没有坚持到底时的感受。考虑你在项目开始阶段的感觉，看看你是否因感到不知所措或将事情拖得太久而无法在合理时间内完成。你为什么特别想放弃？当你找到原因时，你就可以知道要运用本书中的哪条规则或哪种思维模式来纠正问题。

失败会时常发生，但它不是世界末日，当然也不是生产力的终结。然而，只有找出导致失败的原因，失败才有价值。当我们弄清楚失败的原因时，我们就可以知道如何解决这个问题，以及如何避免在未来再遭同样的失败。如果我们不这样做，我们就注定会重蹈覆辙，直到我们真正意识到究竟发生了什么。为了避免浪费时间，应尽早找到失败的原因。

要
点

- 坚持到底和有始有终面临哪些陷阱？太多了，无法一一列举。但在本章中提到的少数陷阱比大多数陷阱都更具迷惑性、更危险。

- 虚假希望综合征是指你期望自己能够改变或提升到不切实际的程度。当你不可避免地无法达到这样的目标时，会产生一种非常真实的强烈反应，这种反应会导致你比开始前更缺乏动力和自律性。要克服这一点，需要你根据自己的经历设定适当的期望，并了解到目标和期望之间是存在差异的。

- 思虑过度是悄无声息地发生的，它给人以你在行动甚至很有成效的感觉，但事实并非如此。思虑过度是指你固执己见，似乎无法迈出行动的第一步。专注于重要的细节，有意忽略其他一切，你会感觉目标更加清晰。

- 担心是指你专注于某件事，并不可避免地开始提出各种消极场景和陷阱。然而，当你专注于你无法控制的事情而忽略了你可以控制的当下时，你也会感到担心。解决方法是只专注于你现在能做的事情。

- 你了解自己吗？你了解自己的生产力以及最佳工作和生产方式吗？你可能会考虑一天当中的时间、环境、布置等因素。但你应该认识到，了解自己也是一种审视自己、找出自己失败或缺东少西原因的能力。它是一种自我诊断和自我觉醒的能力。

第 8 章

取得成功的日常制度

Finish What You Start

奈德创办了自己的软件咨询公司。他很高兴成为自己的老板，但却没有想到他会在管理客户、回复电子邮件、搜集潜在客户、寄送发票、开展咨询等方面遇到困难！

起初，奈德的公司一切都运转良好。他会很早起床，回复邮件，并发送公司新闻稿来发展潜在客户。然后，他就会开始一天的常规工作。当他得空时，他会回复电子邮件。他直到深夜都仍在工作，在努力推销自己的同时，他还承担了多个项目。

但随着公司的发展，奈德的收件箱忽然就挤爆了！他的项目清单越来越长，他完全不知所措了。他每天至少要花 12 小时来处理邮件、跟进客户和寄送发票，并在最后期限前完成任务。他觉得自己快要被工作淹没了。愤怒的客户会骚扰他，要求知道他们的任务进展！

每当看到他的办公桌，他的助理玛莎都会伤心。奈德要花15分钟左右的时间才能找到他做的与项目有关的重要文件或备忘录。他的家庭办公室乱糟糟的。他满心欢喜粉刷和装饰的房间现在成了监狱，而他几乎所有时间都要在那儿度过。

奈德本人看起来更糟，就像一具以咖啡和快餐为生的僵尸。他的眼睛下方出现了很深的眼袋。

然后，他意识到自己正在失去潜在客户，正在亏钱。他的网站和作为自由职业者的简介上开始充斥着各种负面评论。看起来，他的咨询公司像是要倒闭了。

奈德做错了什么吗？他错在没有采用制度化的工作方法。他靠自己单独完成所有事情，而没有实施一种方法来组织和简化他的工作以使自己更轻松。他一次承担了太多的任务，每天都试图完成成堆的目标，而没有采用一种制度化的工作方法来使得完成这些目标更轻松。

意志力在某种程度上很重要。在生活中，你无疑需要意志力来推动你成为最好的自己。但是，如果过于依赖意志力和自律性，你可能会失败，因为你无法超越自己的极限。一旦你达到极限，你的意志力和自律性就无法推动你前进。而且，意志力和自律性是变化无常的，并可能会在你不知所措时崩溃。

奈德的故事很好地说明了：当你总是试图逼着自己去做那些获得人生成功需要做的事情时，会发生什么。克服不知所措和过度工作的感觉并不容易。你必须建立一套组织制度来确保你持续取得成功，即使在你感到沮丧和疲惫时。

特别是在商业中有时会有太多的惰性，你不想执行待办事项清单上的任务。有些任务是你害怕做的，因此无法激发出必要的意志力。并且，有人甚至会试图阻止你取得成功，而你可能并不总是具备击退他们的能力。

这正是日常制度可以发挥作用的地方。制度是指一系列你每天都坚持执行的行为，目的是使你的成功效率更高并实现你的目标。一方面，与你的自律性和意志力不同的是，制度可以使你自我规划，帮助你履行职责，而不是强迫你。另一方面，意志力和自律性只会给你去强迫自己做事的力量，而不会给你一种固定的做事方式或简化待完成的行动清单。

如果制度变成了常规，你就不必思考你需要做什么，而只要去做就行了。制度的关键在于使你在生活中努力取得进步并做到始终如一，而不是实现目标。例如，让我们回到奈德的例子，并假设他采用了一套时间管理制度来划分任务并为每个任务腾出时间。这样的话，事情就可以得到自动处理，他也能更及时地完成所有任务，同时减少压力、混乱和困惑。

如果奈德在其公司的运营管理中实施一些简单的日常制度，他会更成功。但是，奈德过于依赖自己的自律性。他只是无法迫使自己独自做那么多工作。他拼命工作，以至于筋疲力尽，然后开始失败。

从以上可以看出，目标与制度是相对立的，因为目标在制度下发挥作用。制度是确保你采取必要行动去实现目标的方法。与目标一样，制度并不局限于一次只做一件事；相反，制度适用于你必须努力做的一切。一旦你完成了一个目标，你就只需要遵循你的制度轻松迈向下一个目标。制度将帮助你直达你设定的每一个目标。

即使没有达成目标，制度也能保护你免于失败。例如，你今天的目标是撰写 1000 字的拨款提案。在制度的帮助下，你完成了部分工作，但没有达到 1000 字的目标。这是完全可以接受的，因为你还是撰写了部分内容。即使没有达到你的确切目标，制度也仍能使你处于一个更有利的位置。从该位置出发，你会更容易向前迈进，并在以后实现最终目标。

如果你实施了一套好的制度，那么你每天都有机会更接近你的最终目标。

奈德每天专注于完成一系列目标，例如搜集新的潜在客户和完成项目。他没有实施迫使自己在每天的特定时间为实现目标采取必要行动的任何制度。如果他实施了一套制度并对他的工作进行了有效组织，他将能够及时地实现他的目标，而不是在混乱中工作，耗尽自己的精力。然后，当他既赢得了新客户，又取悦了老客户时，他的公司就会兴旺起来。

建立制度首先要有个总体目标，然后你就可以搭建框架了。

记录记分牌

第一种制度是为自己记录详细的记分牌。该制度的核心在于，如果你觉得自己有可能赢得一些东西，你就会更有动力。要激发你对项目的兴趣，你必须看到某种好处。因此，你需要记录记分牌。

当人们感觉自己将赢或将输时，他们会发挥出最好的状态，所以一定要展示你是如何取得进步和成功的。人们在记分时的表现并不相同。如果你没有记分，那你就只是在练习。所以，为了给自己和他人提供自主激励，今天就开始记分。你可以做些事情来记录记分牌。

首先，跟踪你的进度。每次完成某件事时，

都要将其从你的清单上划掉。看到你的任务完成了，会让你感觉到你是做了一些事情的。墙上白板列出的长长的待办事项清单可以帮到你。能直观地看到自己正在完成任务、完成了什么，就能让自己意识到目标越来越可能实现，这会给你极大的激励。

这种制度的另一个重要元素是，当自己和同事取得小小的成功时，都给予庆祝。成功越小越好，因为这是一个激励自己和他人的机会。另外，这也可以使你获得更多的成功，从而使你保持良好的感觉和庆祝势头。挖掘每一个小小的成功——无论是赢得新客户，还是找到解决所面临障碍的方法。可以通过创建友好型竞争关系来促进这一理念，即使你必须与自己过去的表现一较高下。

最后，始终在项目完成时给予自己最终奖励或激励。当你达到自己设定的最终目标时，要予以奖励。在达到目标时给予自己某种奖励可以使你有所期待，即使你想放弃，这种奖励也会推动你前进。例如，当你达成目标时，请自己去做一次水疗，或者请你的团队出去玩一晚。这种心理就是奖励能很好地激励公司员工的原因所在。

如何将这个制度融入你的工作生活中？其中一个例子是建立一个你希望完成的事项清单。当你核销清单上的每一项时，都要举行一个小小的庆祝活动，如为整个团队举办比萨派对。最后一定要设定奖励，如奖金或一日游。对于每一个完成的事项，你都要标记和庆祝，要将每一天都视为你在记分牌上获得更多积分的机会。

时间管理

时间管理制度对于任何人的成功都至关重要。知道如何分配你的时间以及应为每项任务分配多少时间将有助于你按时完成目标。时间管理之所以极其重要，是因为它确实能帮助你在截止日期前完成任务，激励你将任务坚持到底。一旦你知道你所做的每件事的大致时间范围，你就可以设定较为现实的期望。

要实行良好的时间管理，首先要为你的工作

制定一套常规。常规是一套让你知道该做什么、何时做的制度。例如，你知道你需要9点开始工作。那么在制定你的常规时，就需要考虑到最后期限和其他时间承诺。一定要为工作、吃饭、睡觉、约会和其他不得不做的事留出时间。此外，不要忽视自己，否则你会因为达到自身极限、压力太大而无法工作。所以，一定要保持健康，睡好，吃好。

要始终评估你对项目的时间需求。问问你自己，"每件事情需要多长时间"。为了更好地了解你的时间需求，你可以给自己安排时间去完成一些任务，以了解你在正常、舒适的节奏下完成这些任务需要多长时间。一套好的时间管理制度不应该使你感到忙碌或有压力，所以一定要安排好自己的时间，以免自己在做事时感到压力过大。同时，还要为可能导致你需要更多时间来处理的不可预测的问题留出回旋余地。

当你开始工作甚至当你醒来时，看看计划安排表，了解你今天的计划是什么。这有助于你确保及时实现目标。这个计划安排表一定要说明重要约会的时间，以及你做与业务相关的事情（如回复电子邮件、参加社交活动和召开战略会议）所需的时间。

工作时要尽量减少分心之物的影响，一次只专注于一件事。多任务处理和分心之物会大大降低你的工作效率。例如，应设定一个特定时间来查看电子邮件，而不是整天都在关注收件箱，使之分散你对手头任务的注意力。另外，也可以设定一个固定的时间来专心处理营销或社交的相关事务。

降低你的事务处理成本

事务处理成本是借用一个经济学名词"交易成本"。交易成本是指你必须在市场中花费的成本。

无论你做什么，都会产生一些相关的成本。成本可能是货币性的，如创业投资；也可能是情绪化的，如在不知道成败与否的情况下对开启新商机的担心。或者，成本甚至可能是身体方面的，需要你付出体力和劳动。这些都是参与博弈必须克服的成本或障碍。

建立一套围绕这些成本控制能给你带来好处的制度。一方面，减少你负担的成本，使你方便轻松地获得想要的收益。另一方面，通过提高拖延等不良习惯给你带来的成本，使自己更没有动力去做那些没有成效的事情。与此同时，降低你想要更一致地去做的事情的事务处理成本。你应该鼓励良好的习惯（如制度化的工作和时间管理），使它们对你来说更容易做到，从而降低"成本"；同时，扭转局面，使杂乱无章、时间管理不善、拖延等不良习惯因成本太高而令你不感兴趣。

例如，通过变得更有条理，你在办公室里寻找你需要的东西时感受到的压力会更小，花的时间也会更少。所以，有条理使得实施这种行为更容易。在不花太多钱和太多时间的前提下，找到毫不费力的方法来整理你的办公室。例如，利用简单的文件颜色编码方法和房子四周的盒子来制作文件箱，并做好清晰的标记。这几乎不需要任何成本，但它为你省去了很多工作上的麻烦。

注意变得有条理的行为是如何随着相应成本的降低而变得更容易的，以及这个好习惯是如何让你更容易达成目标的。减轻混乱带给你的负担，你就降低了成本。此外，在整理办公室方面，你几乎不用花什么钱或精力。

使不良行为的成本提高。训练自己将不良行为视为开支太大而无法参与的行为。例如，强迫自己爬上五层楼去抽烟、吃巧克力或浏览手机，从而提高无益的行为的成本。

让我们来看看事务处理成本通常是如何控制的。首先，让良好习惯的成本变为零。奖励必须大于良好习惯的成本，这是激励自己做出积极改变的唯一方法。例如，你可以通过花更少的钱来使整理办公室变得更容易，而且这可使你在办公室里找东西变得很简单，从而减轻了工作压力。

使不良习惯的成本提高。如果成本超过获益，你就不会想养成不良习惯了。一个很能说明问题的例子是，如果你在该工作的时间里没有工作，那就要付出代价，这样可减少低效。

考虑一下，奈德应如何才能降低事务处理成

本。他处理的公司事务太多，这使他根本无法独自应对，他很快就达到了自己的极限，无法继续下去。通过使工作变得更轻松、混乱变得更难，奈德本可以使自己的生活和工作更高效。他应该让自己的坏习惯（每天工作 12 小时）变得成本太高而承担不起，并让他的好习惯（有条理）几乎没什么成本。

先行收集所有信息

这种制度是指在项目启动之前收集项目所需的一切。也就是说，找到对项目至关重要的信息，并努力一次性完成项目调研任务。这种制度节省了当你沉浸在项目中时还要试图去收集各种资源的时间。利用这种制度，你可以专注于项目，而不是收集资源和信息。这消除了破坏项目动能的障碍。

你可以利用动能来推进项目，使项目在实施过程中更容易往下执行。被迫中断手上的工作来获取信息或寻找支持可能会扼杀动能。动能是指你不停地工作，让每个已完成的目标相互叠加，从而使下一个目标的完成更容易。

例如，在启动一个大型工作项目之前，你可能需要一个由具有一定技能的人组成的团队或单一合作伙伴。你还可能需要一些基本用品或特定软件。你甚至还可以考虑一下你需要的办公用品（如笔和纸），并将它们放在手边。收集你需要的所有资源，在开始工作之前就准备好。此外，在开始工作前列出需要的所有信息，如其他员工的联系信息和最后期限，这样你就不必在忙碌时还要去搜索这些信息。可以把这想象成将所有杂货从车里一次性卸下来。

在其《关键对话》（*Crucial Conversations*）一书中，科里·帕特森（Kerry Patterson）提出了启动任何项目前必须收集或评估的一些信息。

落实责任。回答"谁应对什么负责"，并为必须完成的每项任务命名。这对于建立清晰的职责关系至关重要。你希望有一名领导者、一名预算负责人、一名营销负责人、一名人力资源负责人，等等。总之，为你项目的每个方面都找一个能担责的人。如果你是名独立工作的人士，需要亲自处理每件事，那么可将责任委派给你自己，方法是把你的任务划分为由不同角色来承担，然后在不同时间分别扮演这些角色，以确保你能完成任务。

明确你的预期结果和期望。对你想要完成的事情和你期望做的事情要非常明确。通过明确你必须完成的任务以及你需要如何工作，拥有一个目标结果可以引导你取得成功。明确你想完成多少工作，你想卖出多少的产品，你想赚多少钱，以及你想在什么时候实现你的目标。然后，干吧，设定既可达到又能鼓舞人心的明确目标。例如，你可能想看看以前的销售情况，然后说，"好吧，上个月我们卖了1000套，这个月让我们冲一冲1200套！"

确定最后期限。你的老板或客户可能会给你设一个最后期限。如果没有的话，那就自己设一个。没有什么比必须在某个特定日期前完成一个项目更能激励你的了。最后期限可以在如何安排时间以及何时实现阶段性目标方面为你提供明确引导。确保设定一个符合实际的最后期限，不要向别人承诺无法兑现的事情。考虑到需要你花时间去应对的潜在挫折和挑战，你需要设定一个让你有足够时间能完成某件事的最后期限。

制订后续计划。你不想把你当前的目标当作终点，因为在你达到这个目标后，生活仍将继续。这个项目完成后会发生什么？你接下来要做什么？一旦你完成了一个项目，就要针对接下来需采取的步骤以及接下来想实现的目标制订计划。这可以激励你，因为你有更多的事情可以期待。

另外，还应考虑以下方面。

收集物质资源。你需要不同的物质来完成某件事——钱、软件、办公用品、各种材料。确定你需要什么并获得它们。

识别障碍。提前了解障碍有助于你确定如何减轻障碍带来的影响。当人们在一起进行头脑风暴时，他们会充满热情。他们看到的只有阳光并急于推进。然而，当意想不到的障碍出现时，他们的热情耗尽并开始有了惰性。如果所有参与者都知道该期待什么，并认为这些障碍是作为一个团队需要克服的困难，那么士气就不至于受到如此严重的影响。如果你认为在自己的道路上没有障碍，那就要通过头脑风暴来更多地考虑潜在陷阱。

回到可怜的奈德这个案例。想象一下，如果他先组织好自己的资源并收集信息，事情会变得轻松许多。首先，他应该整理好自己的办公室，把备忘录放在需要时容易找到的地方。接下来，他应该去寻找相关软件，使他的电子邮件、简讯、报价和发票处理自动化，这样便可以减少他的工作量。最后，他应该预料到工作量会增加，并为此更有效地管理时间和处理事情。他应该设定最后期限并确保自己在这一期限内完成。如果他能预计到自己的工作量将会增加多少，他就可以考虑雇人来分担一些他的职责。

最重要的是，他应该确定好要面对的挑战（比如工作量太大）并做好迎接它们的准备。然后，他可以提前考虑一下如何面对挑战。事先收集所有所需资源可以为奈德在创业之后省去很多麻烦。

日常制度简化了工作，节省了你在生活中所需的意志力。它们使行动制度化，并因此会促使进步。通过利用制度来实现效率和取得进步，可以避免生活中的失败。不要成为奈德那样的人，而是要利用日常制度来推动自己取得成功！

- 制度是指日常行为集合。在这里再详述已无必要。制度与目标形成鲜明对比，因为目标是一次性的成果，而制度强调的是一致性和长期成功。

- 无论事情大小及琐碎与否，都要保留记分牌。这会使你受到持续激励，并朝着成长和进步努力。

- 了解完成每件事情实际需要多长时间，并找出自己的怪异之处和低效之处以更好地管理你的时间。

- 使做出不良行为变得不方便和难以控制，同时使做出良好行为变得更方便和轻松，从而降低事务处理成本。

- 在开始之前，一次性收集所需的所有信息和材料。这可以使你之后能不受干扰地工作，并聚集起前进的动能。

第1章　停止思考，去执行

- 坚持到底的艺术是使你创造真正想要的生活，而不是满足于现在的生活。

- "坚持到底"由专注、自律、行动力和坚持四个要素组成，所有这些要素都同样重要。

- 坚持到底并不是你知道你必须这样做就可以做得到的，没这么简单。很多时候，我们都没有做到有始有终和坚持到底，这其中有许多强有力的原因。这些原因通常可分为两类：抑制策略和心理障碍。

- 抑制策略是指阻碍（我们甚至都没意识到这种阻碍）自己取得进步的规划方式。它们包括：（1）设定糟糕的目标；（2）拖延；（3）沉迷于诱惑之物和分心之物；（4）时间管理不善。

- 心理障碍会导致我们不能坚持到底，因为我们在无意识地保护自己。它们包括：（1）懒惰和缺乏纪律性；（2）害怕被评判、遭遇拒绝和失

败;(3)出于不安全感的完美主义;(4)缺乏
自我意识。

第 2 章　求知若渴 ——————

- 我们如何才能做到求知若渴并受到持续的激
  励?深入研究并询问自己有哪些内部和外部因
  素可以激励你——但很少有人这么做。

- 外部激励是指我们利用其他人、地方和事物来
  推动我们采取行动。在大多数情况下,采取这
  些行动都是为了避免涉及其他人、地方和事物
  的消极后果。这些方法包括问责伙伴、问责小
  组、预付费用和自我贿赂。

- 当我们考虑如何从中受益并改善我们的生活
  时,我们就需要利用内部激励因素。这些因
  素都是很容易让人迷失方向的普遍需求、驱动
  力和欲望。找出这些内部激励因素的简单方法
  是直接回答一组问题,例如:我将如何从中受
  益?我的生活如何得到改善?只有通过回答这
  些问题,你才能意识到你忽略了什么。

- 我们想要完成的任何事情都会产生相关的机会

成本。我们必须付出代价，哪怕是走出我们的舒适区。我们可以通过利用成本收益率来应对这种心理障碍，从而使成本最小化或效益最大化。

- 事实证明，只有当我们意识到动机时，它才是最有效的。因此，你应该在你周围设置与你的动机有关的线索，而且要确保这些线索是清晰的和难忘的，能调动你的全部五种感官，并确保定期变换它们，以避免因为变得习惯而忽视了它们。

第3章　建立自己的规则

- 宣言无非是一套每天都要遵循的规则。我们可能讨厌规则，但规则让我们不再需要去猜测工作，并为我们提供了可遵循的准则。规则使事情变得黑白分明，这有助于坚持到底，因为我们根本就别无他选。

- 规则1：你的行为是出于懒惰吗？如果是，那么你希望这成为你的一个特征吗？

- 规则2：每天最多三项主要任务。区分重要任务、紧急任务以及只是浪费时间和精力的行为。

- 规则 3：建立约束和要求。这些约束和要求使你不会偏离你需要做的事情，它们还是使你养成良好习惯的基石。

- 规则 4：有时我们看不清自己要完成什么。因此，通过描述"我想……""我会……""我不会……"来重申你的目标。

- 规则 5：试着设想一下自己在 10 分钟、10 小时或 10 天后的感觉。当你考虑不再坚持到底时，你会喜欢你看到的吗？以牺牲未来的自己来为现在的自己谋利益，值得吗？可能并不值得。

- 规则 6：就 10 分钟，不是吗？如果你想退出，再等 10 分钟。如果你需要等待，也只要 10 分钟而已。

第 4 章　坚持到底的思维模式

- 坚持到底完全是精神上的活动，这意味着谈论你试图体现的思维模式可能是个不错的主意。

- 思维模式 1：这很值得。如果你觉得你的努力工作会让你有所成就，会让你觉得你和其他人一样优秀，并且会让你体会到这些感受对你总体目标的巨大影响，那么坚持执行下去就会更容易。

- 思维模式 2：习惯不适。你需要做的每件事都会有令你不适的因素，除非你只想一个人看一整天电视。因此，习惯不适可以使你毫无恐惧地解决你需要解决的问题。

- 思维模式 3：不坚持到底，就学不到什么。只有当你完成某件事时，你才能对自己做出评价并纠正自己的错误。这体现为一种信息收集的思维模式。

- 思维模式 4：压力和焦虑的有害性怎么强调都不为过，甚至心情不好对你保持工作效率和坚持到底也很有害。要意识到这一点并采取积极措施来缓解你的压力。

第 5 章　击碎拖延症的科学

- 对付拖延症类似于西西弗斯推石头。你可以稍微击退它，但很自然的是你永远不能完全摆脱它。这个问题的特点是时间不一致性，我们是由两个没有重叠欲望的自己组成的，一个自己想要未来的满足，而另一个自己想要现在的满足。

- 诱惑捆绑是对付拖延症的有效方法。它包括将你感觉不适的任务与令你愉悦的事情结合起来。这主要是因为你在与时间不一致性抗争，在同时给予你的两个自己各自想要的东西。

- 从小而容易完成的事情开始。拖延症容易滋生惰性。因此，你需要使行动路径尽可能简单。最终，你获得的会是动能，而不是惰性。

- 有时候，战胜拖延症需要经受挫折。恐惧和建设性的焦虑与不安会对你产生影响——如果你很害怕你将面临的消极影响，那你肯定会被激励采取行动。不过，这种方法并不常用。

第6章　消除分心之物

- 尽量减少环境中的分心之物。事实证明，眼不见，心不烦。所以不要让任何刺激性的东西靠近你的工作区，否则你的意志力会慢慢耗尽。

- 尽可能建立默认行动。这是你最容易走、所遇阻力最小同时也是你最希望走的路。这也是通过管理和设计你的生产力环境来实现的。

- 单任务处理的概念很重要，因为它明确证明了多任务处理的缺陷。从一项任务切换到另一项任务会使你产生注意力残留，这意味着即使你对这种切换已经是轻车熟路了，也仍需要一段时间才能适应每项新任务。为了充分利用你的大脑效率，你可以通过单任务处理或批处理（即将所有类似类型的任务放在一起完成）来消除这种现象。

- "不要做"清单和待办事项清单一样重要，因为我们很少被告知要忽略什么。结果，那些分心之物或狡猾的消耗时间之物会侵入我们的空间，而我们甚至都不知道自己受蒙蔽了。例如，那些你无法向前推进、取得进展或提供帮助的任务。

- 通过掌握你所需要的信息量来对抗不作为时，运用 40-70 规则。如果你掌握的信息量不到

40%，不要行动。但如果你掌握了 70% 的信息量，你就必须行动。你永远不可能掌握所有信息量，无论如何，70% 的信息量足够了——剩下的你需要在执行中了解。

- 最后，你可能时不时地想什么也不做。虽然这是休息和放松，但你应将其视为恢复精力。运动员在比赛之间会做什么？你明白的——他们养精蓄锐，为必要时再次比赛做好了准备。

第 7 章　致命陷阱

- 坚持到底和有始有终面临哪些陷阱？太多了，无法一一列举。但在本章中提到的少数陷阱比大多数陷阱都更具迷惑性、更危险。

- 虚假希望综合征是指你期望自己能够改变或提升到不切实际的程度。当你不可避免地无法达到这样的目标时，会产生一种非常真实的强烈反应，这种反应会导致你比开始前更缺乏动力和自律性。要克服这一点，需要你根据自己的经历设定适当的期望，并了解到目标和期望之间是存在差异的。

- 思虑过度是悄无声息地发生的，它给人以你在行动甚至很有成效的感觉，但事实并非如此。思虑过度是指你固执己见，似乎无法迈出行动的第一步。专注于重要的细节，有意忽略其他一切，你会感觉目标更加清晰。

- 担心是指你专注于某件事，并不可避免地开始提出各种消极场景和陷阱。然而，当你专注于你无法控制的事情而忽略了你可以控制的当下时，你也会感到担心。解决方法是只专注于你现在能做的事情。

- 你了解自己吗？你了解自己的生产力以及最佳工作和生产方式吗？你可能会考虑一天当中的时间、环境、布置等因素。但你应该认识到，了解自己也是一种审视自己、找出自己失败或缺东少西原因的能力。它是一种自我诊断和自我觉醒的能力。

第 8 章　取得成功的日常制度

- 制度是指日常行为集合。在这里再详述已无必要。制度与目标形成鲜明对比，因为目标是一次性的成果，而制度强调的是一致性和长期成功。

- 无论事情大小及琐碎与否，都要保留记分牌。这会使你受到持续激励，并朝着成长和进步努力。

- 了解完成每件事情实际需要多长时间，并找出自己的怪异之处和低效之处以更好地管理你的时间。

- 使做出不良行为变得不方便和难以控制，同时使做出良好行为变得更方便和轻松，从而降低事务处理成本。

- 在开始之前，一次性收集所需的所有信息和材料。这可以使你之后能不受干扰地工作，并聚集起前进的动能。

读书笔记

读书笔记

读书笔记

愿我们在动荡而喧嚣的世界中，
享有平静、专注和幸福

ISBN: 978-7-5169-2582-9
定价: 69.00 元

发现工作和生活中的最佳状态
找到热爱的事业并为之奋斗终生

ISBN: 978-7-5169-2572-0
定价: 59.00 元

人是情感动物
情感使人区别于机器

ISBN: 978-7-5169-2537-9
定价: 69.00 元

每个年轻人必读的
减压实操指南

ISBN: 978-7-5169-2522-5
定价: 79.00 元

享有职场卓越绩效
非凡领导力和幸福感

ISBN: 978-7-5169-2526-1
定价: 79.00 元

有效提升绩效及能力的
职场必备实操指南